精品 20 年 时尚生活秀

U0315253

摩登派

精品購物指南 编著
LiFE STYLE

華夏出版社
HUAXIA PUBLISHING HOUSE

20 周年

没有与生俱来的非凡

精品購物指南

（1993-2013）

精 致 生 活 　 品 味 时 尚

精品传媒
LIFE STYLE MEDIA GROUP

精品購物指南　FASHION WEEKLY　优品UP　世界　BUSINESS TIMES 商业时代　OK!　中国汽车界　玩家传播　TRAUELER

ilifestyle　SG 精品网　精品微博矩阵　精品视频联盟

时尚生活导报　精品生活 Style Weekly　精品消费报　新潮

地 址:北京市海淀区中关村大街甲 28 号海淀文化艺术大厦 B 座 7–8 层
邮 编:100086
总机电话:(010)52169000
网址:www.sg.com.cn

张书新

《精品购物指南》报社总编辑

里程碑

@ 张书新：久不作文，天天微博，已经不会写超过 140 字的文章了。此次受托写序，竟无从下笔，颇感困难，可见靠码字吃饭之不易，对编辑、记者特别是"精品奖"得主的敬佩之情油然而生！从 2002 年开始的《精品》逆市成长之路，留下的并不仅仅是一条好看的曲线，一串漂亮的数字，背后是全体精品人的智慧和汗水！

#《精品》是什么 #《精品》是什么？其实很难用几句话说清楚。从创刊初期的购物指南，到都市读本、时尚圣经，它不仅仅是一张都市时尚生活报，它更是一个整合营销平台，一个时尚人的舞台；它不仅仅为读者提供生活时尚资讯，它更是时尚生活方式的传播者、倡导者和推手。

读者是谁 # 谁能找到目标读者，准确地描述读者状态，了解读者的阅读习惯，研究读者的生活形态，把握读者的消费行为，谁就占据了主动。

读者需要什么 # 每个人的需求是多方面、多层次的，百万读者更是众口难调。怎么在千变万化繁复庞杂的需求中提炼出有代表性、有价值的选题，是要下点功夫的！这就要求编辑有高度的市场感觉和时尚意识，走在读者之前，成为策划高手、行业专家，真正成为读者的时尚参考、生活顾问！

文章有人看吗 # 同样是做选题、做报道，有的栏目越做越好，对读者和品牌的影响越来越大，不断被引用，常常被转载；有的版块却了无新意，无关痛痒，抄网文编公关稿，远离时尚，脱离市场，读者越来越少，栏目被淘汰。你知道你的文章有人看吗？有多少人喜欢？为什么喜欢？要思考要总结啊！

报道有用吗 # 实用是《精品》的灵魂，是《精品》的基因，是《精品》的核心竞争力。《精品》近 20 年发展创新之路，始终以实用为中心。实用并不是多么深奥的概念，实用就是指导性、可操作、可消费、可体验、可互动的程度。失去了实用，《精品》就失去了生命。

整合了吗 # 编辑方针和经营方针的统一是《精品》的运营模式和特色。整合营销是实现这种统一的最佳工具和手段。脱离品牌、脱离市场、脱离读者需求的文章或选题，对读者无用，对品牌无助，对经营无力，传播效果会大打折扣。《精品》的编辑、记者绝不能只有文字功夫，应该既是市场调查员、资讯传播者、时尚生活家，同时也应是报社整合营销组合中的第一销售。

@ 张书新：岁末年初，在探讨产品创新和发展转型的重要时机，以微博的形式，对媒体的一些基本问题做简单的思考。抛砖引玉，贻笑大方。权当为序！

王明亮
《精品购物指南》报社常务副总编辑

支点

献给为实现《精品购物指南》V 型反转作出贡献的所有同仁

古希腊科学家阿基米德有这样一句流传千古的名言："给我一个支点，我就能撬起地球！"

设立"精品奖"的初衷始于 2003 年。非典，萧条，迷茫，是这一年《精品购物指南》报社上上下下下的心态。曾经创造报业辉煌成为全国报业十强的《精品购物指南》，由于种种原因 2002 年发行量、广告额、社会影响力都走到历史最低，非典的不期而至更是雪上加霜！报社邀请报业专家开了个研讨会，专家的结论是：生活服务类报纸已经完成它的历史使命了。

精品人不信邪，当然，我们也没法信邪，因为还要吃饭。所以报社的社领导与中层干部带领所有员工开始了艰难的二次创业！这其中，最重要的就是报纸的质量与影响力。《精品购物指南》是否还能成为引领北京乃至中国的时尚生活媒体，报纸的编辑方针至关重要，而能否在每一期报纸、每一个版面、每一篇文章中贯彻既定的编辑方针，这需要科学的方法与保障，"精品奖"出现了。

首先，"精品奖"强调落实既定的编辑方针。我们的编辑方针根据读者需求与市场需求每年进行调整，每次强调的都是编辑方针与经营方针的高度统一；其次，创新是"精品奖"不变的鼓励方向，无论是内容创新还是形式创新都值得表扬；第三，时尚与明星影响力是逐渐加强的主线；第四，专刊、别册从创新产品到常规运作成为报纸结构变化的主要形式，在拉动广告的同时也成为读者最为便捷的手册；第五，为进一步与市场结合，从 2003 年开始，报社在编辑部设立了以广告经营为目标的事业部，所以在奖励中还注重了版面报道质量与广告业绩的互动奖励。

春华秋实，《精品购物指南》在经营上实现了亿元平台上的翻两番增长。报纸影响力与社会知名度都极大提高。在今天这个多媒体时代，精品传媒（集团）已成为包括"五报、八刊、一网＋移动数字终端产品群"在内的全媒体时尚传媒集团。但是《精品购物指南》依然是集团影响力最大、效益最好的报纸，同时为所有的子媒提供了人才等各方面的支持。

回顾 20 年的历程，精品人付出很多，很多同事把人生最美好的时光都贡献给了《精品购物指南》！即使，有同事离开了《精品购物指南》，相信在他们的记忆中，《精品购物指南》的经历是他们永远值得珍藏的！

"精品奖"记载了精品人二次创业的历程，值得我们珍藏，也希望能对精品传媒（集团）业务的发展有所借鉴。在一年多的编撰时间里，很多同事又为此作出了贡献，谢谢你们！

"精品奖"是《精品购物指南》及精品传媒（集团）发展的一个支点，而这个支点是全体精品人建立与把握的。在此向所有为《精品》作出贡献的同仁、朋友表示衷心感谢！表达崇高的敬意！

是为序。

王明亮

也是一种纪念

郭有祥
《精品购物指南》报社副总编辑

时值大暑,闷热的天气让人烦躁。然而,动笔时,却浮想联翩。此籍所录之文,时跨近十年,不禁感叹:又一个十年从指间溜走了,弹指一挥间。

旧文重赏,旧事重提,心中总是莫名地升起一丝淡淡的忧伤。是对逝去时光的留恋?抑或对未来岁月的惶恐?也许兼而有之吧。不过,把大家过去的一些文章集锦成册,也算是对大家共同走过的一段岁月的纪念,回望过去是为了更好地前行,从这个意义上说,是件好事,我当然乐见其成,于是,欣然受命下笔,是为一序。

"精品",或者"精品人"能有今天的局面,我冒昧地认为,是源于精品人有一种信仰,那就是我们相信:只要我们坚守并实践《精品》的媒体价值,我们就能过上自己倡导的有品质的生活!我们的成功,来自于精品人乐此不疲。

对于一个媒体的核心产品,为文亦如此。刘勰的《文心雕龙》中说:"文场笔苑,有术有门……思无定契,理有恒存。"写文著章,没有一定的固定格式,但又有规律可循,二者不可偏废。

特别是"精品之文"(在此专指《精品》的好文、美文),吾以为,必须符合如下几个逻辑:

首先,是对《精品》编辑方针的透彻理解和准确把握之文。也就是坚持我们独特的新闻价值观。《精品》的媒体哲学是:"我们倡导一种时尚的生活方式,然后,给定这种生活方式的物质实现手段。"通过这种完整价值链的构建和实现,我们完成《精品》作为媒体的从社会效益到经济效益的价值实现。从这个逻辑出发,我们要求的好选题、好策划、好文章,首先要考量的是对时尚生活方式的阐述和构建有用,同时对时尚生活的参与者有用,这是我们生产《精品》的首之要义,动摇不得。

其次,是对媒体传播规律的自觉尊重和有效执行。《精品》虽然是特例,仍是媒体。基本的传播规律,我们依然要遵循。诸如:新闻价值观"读者感兴趣的、新近发生的事实的报道"、符合读者阅读及审美偏好、抓住"意见领袖"、"重要、显著、及时、贴近"、有效消除"信息不对称性"、"信息是否具有直接使用价值"、"新闻性、实用性、读者立场"……我们的采编人员是否具备传媒人的专业素质,以及对传播规律的认知程度与执行水准,不仅决定了我们有没有好文章、好策划、好选题,更决定了我们媒体的品质和影响力。

第三,才是术的方面,即写作技巧,这是作为合格媒体人的基础和前提,正所谓"靠手中的笔吃饭",所以无须赘述。这里,我要强调的是,我们有的人"好为小术,不识大体"。有基本技能,但大局观不强,前两项素质和意识不够,照样满足不了我们媒体的要求。文章写得文采飞扬,于读者无用,岂不可惜?我们应谨记,《精品》的报道是让读者拿去用的,而不是单纯的美文欣赏。能获得中国新闻一等奖的报道,对于《精品》来说,未必是好文章,没办法,价值取向不同。

作为参与者,我很幸运。

当然,由于文疏才浅,文中见解难免粗陋,引君思之,便已欣然;若诸君觉得有些思想能遵之循之,善莫大焉。

郭有祥

搭配变术

珠宝心计

时间情谜

江河

江山如此多娇

摄影 范欣、王龙伟 冯氏兄弟摄影机构）
化妆 谢星 Daniel Zhang
封面服装提供 Jefen（Crystallized Swarovski Elements）、祁刚作品
饰品提供 T By Zing

江河

山川

古城

巷语

精灵、女王、小女孩
似梦如幻
奇花异草衬着最美的容颜
薄雾也不愿化散

仙梦之钥

极致的美,如梦似幻。像春的最深处,弥漫着化不开的芬芳;像夏的最浓时,闪烁着无法忽视的绚烂;像秋熟透的一刻,散发着迷人的风韵;像冬凝固一切的瞬间,雕刻着不可思议的震撼。梦是一把钥匙,打开现实永远无法触碰到的秘密,欣赏到不曾见过的风景。在梦中,找到现实的答案,或者干脆忘记现实,任凭一场奇梦带你历险。

红白皇后的对峙
仙境振颤
花飞叶落
在梦境之巅

搭配变术
SHOW LOOK

To 《精品购物指南》的读者

劳动节快乐！

为快乐劳动

为快乐加油！

心灵的房间，不打扫就会落满灰尘，不整理就放置不下快乐。五一短假，是最适合我们清扫心房尘埃的契机——使黯然的心变得亮堂，为快乐清理出更多更大的心灵空间。

李冰冰

明星的快乐时尚

撰文 / 文化时尚编辑部

童趣是什么？这个问题丢给任何一个成年人，可能都需要沉吟几秒。可坐在我对面，戴着一副自己在日本淘的绿色眼镜框，活像卡通片小主角的李宇春，笑嘻嘻地轻松答道："童趣，就是一种心态。"

李宇春 童趣一直在我心里

童趣是什么？这个问题丢给任何一个成年人，可能都需要沉吟几秒。可坐在我对面，戴着一副自己在日本淘的绿色眼镜框，活像卡通片小主角的李宇春，笑嘻嘻地轻松答道："童趣，就是一种心态。"

你对"快乐消费"这个概念怎么看待？

我一直都觉得，快乐是自己给自己的东西，不用花钱去买什么才能快乐。要说消费的话……那在路边吃一顿麻辣烫，也会很快乐啊。

请说一句"春式"的快乐消费宣言。

爱自己，爱生活。为阳光消费，为快乐干杯！

最近有什么小东西让你快乐，想要拥有吗？

我想想……在韩国拍《WHY ME》的MV时，有很多道具，有一只啄木鸟的玩具太好玩了！我在拍摄间隙，一直偷偷把那只啄木鸟往前挪，希望它能出镜，可导演还是没拍！长得特好玩，巨大一个嘴，慢慢地点头、点头。

你自己会有童趣方面的消费吗？

我自己会买卡通图案的T恤啊。我还会买一些可以摆在家里的玩具，不是公仔啊，比如点头娃娃那种，家里就有。再就是会买一些小时候最喜欢玩的游戏啊，我自己曾跑到鼓楼买了一台红白机。不过这个机器现在已经被我打坏了，因为打太多了！

你是从小到大都很喜欢看动画片吗？

算是吧，记忆深刻的是《黑猫警长》，是我很小的时候喜欢看的，后来又有很多动画片都挺喜欢。我觉得现在喜欢看动画片，是因为工作太多，压力不小，又没有什么出口。看动画片是一种自我调节的方式。

有过花不多的钱就买到快乐的经历吗？

是的，我偶尔会"发病"，买一些小时候才吃喝的东西。今天早上工作人员来我家接我的时候，我正在家发疯似的到处找菓珍，哈哈。我是忽然会有一段时间，会想喝小时候喝的某种东西。如果我喝不到的话，我今天都可能会有点颓，哈哈。我还很怀念小时候的"娃娃头"雪糕，还有最古老的那种甜筒。

你觉得一个人如果有童趣，如何能看出来？

我觉得一个人要是有童趣，不一定要表现出来给别人看，其实就是一种心态。我觉得我以前其实也挺童心的啊，但可能没有表现，现在只是慢慢展露出来而已。是的，如果你是一个有童趣的人，这个心态一直都存在，不管别人有没有看到，它也一直都在。

你觉得保持童趣心态，对生活有所帮助吗？

是的。我的建议很简单：工作时就好好工作，大家现在的工作压力都很大，该放松的时候就放松，不要再去想那么多。我觉得：身体累就好了，尽量不要再让自己的心累，心累就会丢失一些东西。

能给一些具体的消费或生活建议吗？

可以去做小时候喜欢做的事，找回童年的记忆啊。嗯，买条红领巾戴一戴……我前两天戴了，还挺高兴的。还有一件事情，我自己比较少做，但我建议大家做：天气热了，出去踏青吧，挺好的。养小动物也是很好的方式。

李冰冰 炫出人生缤纷意蕴

以天资与勤奋行进在娱乐圈最前沿，以快乐与关爱装点时尚生活，出道十多年，李冰冰的世界缤纷斑斓，绚烂夺目。但她仍不肯驻足，因为"生活需要缤纷，更需要充实"。

有幸做了演员，体现多变的角色，更能体味不同的缤纷人生。李冰冰说："在现实生活中，我很难义无反顾地追求我喜欢的人，但在《云水谣》中，通过'王金娣'这样的角色完全让自己真正为爱豁出去一回。"从小爱看武侠小说的李冰冰，想象着飞檐走壁、除暴安良，而去年拍摄的电影《功夫之王》让她过了一回"白发魔女"的打瘾。今年，李冰冰开始扮演"女间谍"、"会武功的女臣相"等等，用电影里不同的经历装点自己的现实生活。"这是我钟爱演员这个职业的原因之一。戏外，我脚踏实地地把握每一件事，快快乐乐地去生活，尽可能帮助所能帮到的人，同时我自己也会收获幸福。"

你对"快乐消费"怎么看待？

我相信绝大多数的消费都是快乐的，比如我在等飞机的时候买一本书，它让等待的过程变得不那么枯燥，还让我获得了知识、乐趣，这种精神上的满足感就是快乐。

听说你非常喜欢和孩子们在一起，给予他们的帮助似乎比满足自己还快乐？

就像我前面说的，我觉得大部分的消费都是令人快乐的，只是我们常常认为拿钱去买想要的东西是最平常不过的事，所以，也就没有很强烈地感受到消费带来的快乐。不过，我想，即使是快乐，也是有深浅之分的。不光是我，每一个人，在为一些需要得到帮助的人或地方献出自己一份绵薄之力的时候，都会感到有意义，也更快乐，这是单纯的物质消费所无法带来的一种心灵上的满足。比如我之前购买联合国儿童基金会的贺卡送给朋友，不仅给朋友带去了一份祝福，购卡的钱还可以帮助很多的孩子，这种消费就比买一件名牌衣服所带来的快乐更强烈！再比如奥运期间，当灾区的孩子们来到北京时，送给他们代表梦想的奥运吉祥物……尽管我们所做的只是些微不足道的小事，但是孩子们灿烂的笑脸永远都不会忘记。微小付出能够换来他们的快乐，这让我感到由衷的幸福。我相信，施予别人的同时，也是在成全自己。

在很多 Party 或活动中，总是看到你光彩照人，魅力十足。一般情况下，你会做哪些准备展现女人多姿多彩的气质？

挑选一款适合自己的香水是我参加所有 Party 的秘密武器。对于一个女孩子来说，参加一个重要的 Party，别人所关注的不仅仅是你完美的妆容啊、华丽的礼服啊、耀眼的手饰啊这些，洒上与 Party 主题相关，以及与你当晚的装扮相适宜的香水，更会在不经意间，增加别人对你的印象分，让你的魅力升值。

有时候，不需要花太多钱，就能得到很多快乐，你有没有过这样的经历？

太多了，可能双鱼座的人感情上感性，行为上却偏理性吧，我经常买一些好看但不贵的小玩意，像我的很多小饰品啊、公仔啊什么的，都是自己在一些很小很小的店里甚至网上淘来的。它们的价格虽然便宜，但是那份在寻找和发现过程中得到的惊喜，会让我特别开心。心情低落的时候拿出来看一看，觉得心情都会好很多的。我也会不时地送一些给自己的好友，她们收到这份心意，也都很喜欢，我很喜欢送礼物给朋友，不在于是否贵重，而在于分享快乐。

面对危机状态下的经济形势，你的消费方向、消费预算会有变化吗？会更偏重怎样的消费方式呢？

消费会更加理性吧。危机也是一种机会，让我们更清楚地看到，什么才是真正重要的，并更好地去审视从前的自己。这个社会上需要帮助与关心的人真的很多，我会把钱花在这些有意义的地方，也会更加关注慈善事业。

作为女性，你觉得应该展现怎么多姿多彩的生活？

要懂得关爱自己、关爱他人。只有心中充满爱，生活才会变得斑斓多彩。这和名气的大小、金钱的多少没有直接关系，世上有过得贫穷但充实的人，也有被名利所累整天愁眉苦脸的人。我认为女人首先要爱自己，要自信并有所追求。在人生中找到一个真正属于自己的位置，活得开心，活得自力，用心经营与雕琢自己的事业与家庭，这样的生活一定会是多姿多彩的。

林志玲 优雅是一种态度

金融危机影响了很多人的工作乃至生活，但是越是这样，我们越要快乐生活。而 shopping 方面，性价比就变得越来越重要，即使花不多的钱也要快乐消费，享受优雅。这是今年消费的趋势，也是本次五一专刊的主题。

由时尚圈出道，林志玲凭借靓丽外表和优雅气质迅速上位，成为超级模特。2004 年首执第 41 届台湾电影金马奖话筒，更显露出出众口才与魅力，开始成为大陆及港台地区最具人气的人物之一。近年，林志玲的事业发展更走向多元辉煌。2007 年，林志玲在好莱坞投资、吴宇森导演的恢宏巨片《赤壁》中担当女主角，将她的优雅和高贵在大银幕上完美呈现，其在亚太地区以及全球的影响力日益展露。而她发自内心的慈善关怀与善举更让她成为完美优雅女性的化身，因此浪琴表特别委任其为品牌全球优雅形象大使。

你怎么看待"快乐消费"？

快乐消费就是无论实体或精神上，能让自己有会心一笑的快乐感。相反地，如果不需要的东西，借贷来购买，或超越能力所及因虚华而购买就不是快乐消费。

你有过怎样的快乐消费心得？

让我最快乐的消费方式就是让身旁的人快乐。人辛勤工作就是希望让身旁的人有质量地生活。家人、朋友以及我们不认识但需要我们帮助的，当给予，当分享时，那是

无限大的快乐满足。

如何锻造一个女人的优雅气质，你有什么建议？你是如何培养自己优雅气质的？

"Elegance is an attitude 优雅是一种态度"！我觉得优雅更多的不是形容外表，而是形容一种修养与内涵。优雅是慷慨、分享、人性与关爱，是一种高贵的品质。多学一些可以增加你优雅指数的东西很有用，比如乐器、舞蹈之类的。在演《赤壁》之前，我学习了书法、茶道、古琴、语言……虽然都只学了一点点，但是受益匪浅，我认为学习一些中国传统的技艺对提高女孩子修养和优雅气质都很有好处。

通常参加 Party 或活动，你都有什么必备的"优雅宝贝或秘诀"？

有爱就有优雅，有善就有优雅。Party 必备好心情、得体仪容，我的秘诀就是一定洗个澡再出门。如果说还有什么优雅秘诀，头发是很可以彰显不同气质的多变"阵地"，如果想要优雅些，可以将头发散下来，配扎不同的辫发。当然，小物件也是非常有灵性的，很多单品都可以为你的魅力加分。一款具有优雅气质的腕表或一两件大方得体的珠宝都不失为增加优雅气质的好法宝。

你曾经有过花不多的钱买到很多快乐的经历吗？

我曾花不多的钱买了一件白 T-shirt，大家买到都在上面随意手绘，写下自己想说的话，画上自己喜欢的图，一口气买了 30 件。其中绘画了的那件衣服我到现在还留着呢。最开心的是所买衣服的钱也都捐给了红十字会的小朋友。我想这样有趣又有意义的消费应该是最快乐的，也

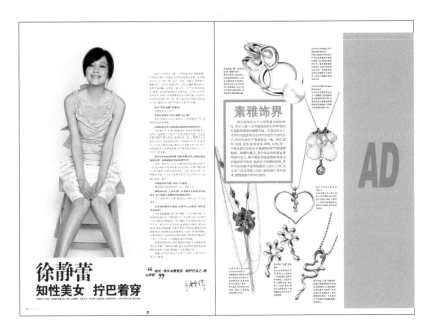

最容易让人记得,我很乐意花钱去买这样的快乐,帮助有需要的人。

面对危机状态下的经济形势,你的消费方向、消费预算会有变化吗? 会更偏重怎样的消费方式呢?

消费方式上会开源节流,金融不景气更要充实自己,等到景气了,我们就可以一起起跑加油啦! 预算要有priority list,减少不需消费,衣食住行、娱乐大家都可以自己分配喽。当然,买东西也一定要注重实用性和性价比哦!

徐静蕾 知性美女 拧巴着穿

提到"知性美女",第一个想到的肯定是徐静蕾,从当初的清纯玉女蜕变为优秀女导演以及靠一支笔搏出位的"天下第一博",这顶"知性"的帽子,老徐想不戴都不行。平时作风雷厉风行,谈吐时露机锋的老徐,其实还保留着小女孩的一面,比如一口气买 30 多条裙子,痴爱小碎花等等典型的女孩作风。在自己办的街拍杂志里,老徐不但每期要秀自己的新衣服,还经常谈穿衣经与购物心得。和一般人最大的不同是,老徐喜欢"拧巴着穿,什么季节不穿什么季节的衣服"。

你对"快乐消费"的看法?

消费就是为了快乐。

你有过怎样的"快乐消费"的心得?

失控,然后告诉自己要停止了,但还是忍不住,满载而归的感觉很爽。

你曾经有过花不多的钱买到很快乐的经历吗?

去年夏天在 LA,美元贬值很多,东西也变得便宜了起来,只是都要上点税,又不似欧洲还可以退。但还是不错,购物狂再次发作,来美的前一段,一星期有三天都在买东西,好多鲜艳的裙子,价格基本在 20 到 40 美元之间,而且都很好看,搁在平时是绝不会买的,加上皮肤继南非之后晒得更黑,到了那里就不在乎了,一口气买了 30 多条。

面对危机状态下的经济形势,你的消费方向、消费预算会有变化吗? 会更偏重怎样的消费方式?

没有。我平时不太买大牌子的衣服,喜欢去国外一些设计师的小店淘衣服,而且还有一些很时髦的牌子,款式很好,价格也相对便宜。当然,我会也买一些很贵的衣服,不过肯定是基本款式,永远不会过时,能够让我穿一辈子……

对锻造知性气质,你有什么建议?

懂得放松,保持愉悦的心态,美由心生。

媒体评价你"人淡如菊",从清纯玉女蜕变为知性熟女,你介意别人总是称你知性熟女吗?

玉女也罢,熟女也罢,都是别人叫的,自己不会往里钻。

从妆容和服饰方面谈,你有什么必备的"知性宝贝或秘诀"?

平日里都素颜打扮,每天睡前一定会彻底洗脸,水温最好控制在四十摄氏度左右,并且用冷热水交替的方法,洗脸后不要用毛巾用力擦脸,用手轻轻在脸上拍打即可。

最近北京天气很好，基本都是大晴天，紫外线较强，我使用隔离霜，在夏天我也不使用防晒霜，防晒霜质地油，我很喜欢皮肤被晒成小麦色，显得很健康。如果怕晒伤的话就用化妆棉在爽肤水里浸湿后敷在脸上半个小时左右，可以缓解皮肤的灼伤感。

我喜欢穿单色的、款式简单的衣服，平日里都穿舒适的长外套、T恤和运动裤，夏天会选择质地舒适的吊带连衣裙和人字拖，再搭配一条长项链足矣。

我最大的特点就是什么季节不穿什么季节的衣服，拧巴着穿。

赵薇 简单是一种生活智慧

形容一个人简单、纯粹，会说她像水。但水又并不简单，它有三态，遇热成气、遇冷成冰。更多的时候，它是液态的，温柔、灵动、无杂。

赵薇，就是一个水样女人。她快乐就开怀，悲伤就皱眉，不掩饰内心的杂质，亦不控制情绪的奔流。热闹时，她喜欢和朋友喝茶聊天；安静时，她会一个人读卡森麦卡勒斯的《伤心咖啡馆之歌》。而身在纷繁的娱乐圈，当更多的人选择往自己身上加量、加价、加砝码的时候，她掸落身上的风尘，化繁为简，重归校园。

说到爱情，赵薇喜欢《情人结》《夜上海》的爱情，"简简单单，相濡以沫，非常温馨。"生活中，她更像《赤壁》里的孙尚香，有点豪情、有点性情，更有很多柔情。

当一夜成名的原点已经渐渐远去，赵薇也在经历成长的烦恼后，笑对是非。出道十几年，赵薇已经练就了一套和这个世界打交道的办法——"面对复杂的情况，我会换上最简单的表情，做自己的事，不解释。"

这就是赵薇最"简单"的生活哲学，就像水总会奔流到海，而简单处事，亦是所有问题的原点和终点。

你对"快乐消费"怎么看待？

就是花最少的钱，买到最多的快乐吧。而且如果有精力的话，我愿意去做一些慈善事业，比如参加公益拍卖之类的。慈善可以很大，也可以很小，点点滴滴都可以体现。即使让我来呼吁，我也不觉得一定要给别人太多压力，只要有这份心就够了。

听说你上大学的时候也很爱去秀水等地淘衣服，现在还爱去小店淘吗？

现在不太经常去了，闲下来有时间就想在家陪陪家人，看看书。但有时候我会去国外小市集淘东西，市集不像大百货公司那么明亮、中规中矩，经常有意外惊喜，我也会砍价，比如问"不刷卡付现金有没有折扣"之类，很有意思。我喜欢在网上买书，非常方便。

在忙乱纷繁的事业和生活中，如何能做到化繁为简，保持生活和心态上的简单呢？

把每件事都看成一个快乐的体验。不想结果，制定具体的小目标，一点一点实现，还有就是享受生活里的每一个决定。

在生活中，你有什么"简单"的智慧？

有些人认为简单是不过脑子。我觉得恰恰相反，能简单地处理问题肯定是一种生活智慧。别想太多，好多东西都和你没什么关系，比如我拍戏，我不会想票房、不想得奖，因为那样拍戏的压力就会大，就不能专注。专注地做一件事情，就会简单。

除了工作，你平时有什么特别的爱好吗？

喜欢读书。张爱玲、严歌苓、王安忆还有卡夫卡，都喜欢。前几天赶通告，和我嫂子飞去汇合，我们俩出机场时，手里拿的一模一样的书——张爱玲的《小团圆》。还喜欢收拾家，我家都是我自己做的设计。

请提供一句"赵式"快乐消费宣言？

多点快乐的工作，就能少点不必要的消费。

有过花钱不多但买到很多快乐的经历吗？

有一次我去法国，走进一个小市场，看到好多漂亮的花布，有欧式几何图形的，也有小碎花的，价钱也特便宜。我买了好多块，成批运回国，做成了沙发座套。好多朋友来我家都说，好漂亮的沙发，哪里买的。我特别有成就感，还将一些没用完的花布送给了朋友。

面对危机状态下的经济形势，你的消费方向、预算有变吗？

金融海啸对我影响不太大，毕竟我不是做金融业的，我这几年的片约都还好。

袁泉 原生态的美更健康

环保是袁泉一直以来都注重的理念,无论是日常的生活方式还是诸如《台北》EP 的环保包装材料细节,这些都是她一直以来坚持和努力的方向。

原生态的美,同样也贯彻在了消费上,和很多人盲目用奢侈品武装自己不同,袁泉懂得在合适的时候,用合适的方式,展现自己别样的美。理性消费、环保消费、爱心消费,她一直身体力行。

你如何看待"快乐消费"?

就是不盲目地追随,有创意地搭配。在这个春天,我们还可以免费享受阳光、绿荫和难得的雨水。快乐消费无处不在。

你有过怎样的快乐消费心得?

有一个品牌每年都会推出几款由非洲的贫困儿童作画的 T 恤,售卖所得的款项会有一部分捐入慈善机构。孩子的画色彩亮丽又充满想象力,在享受他们带给我的童趣的同时,这类消费也会让人有给予的快乐。

通常你参加 Party 或活动时,或者平时拍戏、录音时,有哪些环保方面的消费?

我之前出过的两张专辑都是采用环保纸来做的包装,减少塑料的使用,就是希望从一点一滴来传递环保理念。我不会盲目追逐品牌,喜欢的衣物会配合不同的场合,自己重新设计搭配可以多次穿,避免浪费。环保是由心出发的,要随时随地自己有意识地去做,去影响身边人。

你的快乐消费宣言是?

由心出发。

你曾经有过什么样的、花不多的钱买到很多快乐的经历?

爱猫族的人遇上有可爱的猫图案的小东西就会无法抗拒。身边有几位族人朋友每次购买这类物品都会一式几份,见面时相互赠予。我也是这样做的。事情很小,花的钱不多,却是从内心深处体会到的快乐。

面对危机状态下的的经济形势,你的消费方向、消费预算会有变化吗? 会更偏重怎样的消费方式呢?

我更希望能多找机会带家人和好友一起出外旅行,旅行可以放松心情,抚慰心灵。

作为时代女性,应该如何在生活中做到环保?

从细节做起。

Style
life
精品購物指南

奔腾年代 少女骑士

工厂女孩的
夏日派对

超模之路　由此起航

在刚刚结束的 2011 年春夏时装周上，李丹妮出现在 Louis Vuitton、Kenzo 等多达 20 余个顶级时装品牌的秀场上，在此期间，Victor&Rolf 设计师双人组也亲自力邀她为品牌拍摄广告。同时，她还成为 Zac Posen for Target 系列的全球代言人。如今，这位新晋的超模回到北京，第一时间为我们拍摄了时装大片。那个 4 年前为我们拍摄了其人生第一个封面、简单直爽的姑娘已经从青涩稚嫩的菜鸟成长为一个专业、成熟的超模。这块当年的"璞玉"终于用不断的努力和坚韧的毅力磨砺出了今天的光芒。

超模之路 由此起航

撰文 / 祁首杨

在刚刚结束的 2011 年春夏时装周上，李丹妮出现在 Louis Vuitton、Kenzo 等多达 20 余个顶级时装品牌的秀场上，在此期间，Victor&Rolf 设计师双人组也亲自力邀她为品牌拍摄广告。同时，她还成为 Zac Posen for Target 系列的全球代言人。如今，这位新晋的超模回到北京，第一时间为我们拍摄了时装大片。那个 4 年前为我们拍摄了其人生第一个封面、简单直爽的姑娘已经从青涩稚嫩的菜鸟成长为一个专业、成熟的超模。这块当年的"璞玉"终于用不断的努力和坚韧的毅力磨砺出了今天的光芒。

从"精品"走出的超模

至今仍记得第一次与丹妮为《精品购物指南》拍摄封面的情景，她本人与之前模特卡上浓妆艳抹的姑娘判若两人，身材纤弱，五官干净清纯，是拍摄时装片上佳的人选。那次的拍摄，是丹妮成为模特后为时装杂志拍摄的第一个封面，她在镜头前尽力表现着自己与时装。尽管现在看来当时她的表现力和驾驭时装的能力还略显青涩稚嫩，但是我们已经发觉这是一颗日后会冉冉升起的 T 台新星。果不其然，在那次拍摄数天后，一个汽车品牌从《精品购物指南》上看到了这组大片，于是邀请她拍摄了越野车的广告。丹妮说，那是她第一次拍摄严格意义上的时装大片，也是第一次拍摄时装杂志的封面，也是她的第一单广告合约。初涉时尚圈，这一切都让她兴奋不已。

在接下来的四年中，我们又数度合作，她几乎是所有模特中登上《精品购物指南》封面次数最多的一位，多达八次。而这些年来，我们也在一步步地见证着这个活泼可爱的姑娘从当初的青涩稚嫩走向今天的专业成熟。每一次的拍摄，她都在为我们制造着新的惊喜，她也是为数不多的可以驾驭几乎所有类型时装、和所有工作人员都友善相处的模特之一。随着丹妮今天的成功，我们也庆幸与欣喜当初在无数的年轻面孔中将她挑中，这个选择亦是对我们工作的最大回报和鼓励。

这次的大片拍摄完毕已是凌晨一点，所有人的困意和疲惫都挂在脸上无所遁形，唯有丹妮依旧像第一次工作一样，生龙活虎。在 10 个小时后，她将投入到下一组拍摄中，可她依旧兴奋地在我身边说着她在纽约、伦敦、巴黎时装周上的际遇。不久前，她成为了 Zac Posen 与 Target 百货携手向全球推出的 Zac Posen for Target 系列的全球代言人，如今巨幅的广告照片已经贴满了纽约的街头。在巴黎时装周上她也首次为顶级时装品牌 Louis Vuitton、Kenzo 担纲表演模特。她说这一切时激动兴奋的语速，让每一个摄影棚里的工作人员无不为之感动。

李丹妮并不是那种一夜成名的模特，这个姑娘靠坚韧的毅力和出色的天赋一步步才取得今天的成就，在风光的背后未能身临其境的人很难体会这种成功路上的艰辛。在她还是一个寂寂无名的模特时，便知道珍惜每一份得来不易的工作机会，在超模们拿着"通行证"坐着豪华轿车往返于秀场的时候，她搭乘地铁昼夜奔赴在反复试装的路上。她没有因为这些艰辛而放弃工作，所以得到了今日的回报。

时尚达人搭配 PK 赛

撰文 / 卢杉

唱歌、跳舞需要 PK，工作、考试需要 PK，服装搭配当然也需要 PK，从各大电视选秀到我们周边成长的环境，再到时尚网站上的明星街拍，都能嗅查到这股暗藏的"火药味"。其实良性的竞争是好事，可以让我们不断地成长，但时过境迁，恶性炒作的电视选秀络绎不绝，于是 PK 变得"不同寻常"……

所以这次我们就以 PK 为由，邀请两位不同领域的时尚达人"冲进"商场，以"优雅""复古""中性""运动"四种风格为主题自行选购搭配，并派出《精品》各位时装编辑评审团以绝对公平、公正的态度给予最衷心的建议与点评！

PK 复古浪潮 谁与争锋

1970 年代的时装领袖，影响了 John Galliano、Roberto Cavalli、Stella McCartney、Alexander McQueen、Donna Karen 等大多数目前在世的新起来的设计师们，因此也难怪 70 年代成为了大热。

如何选择搭配

流苏马甲搭配圆领休闲 T 恤，下半身配以紧身光面 Legging，一双桃红色的高跟鞋。假如你是一位腿部线条不佳的女士，想要打扮成这类 70 年代舞厅摩登女郎的话，就得考虑将 Legging 换成喇叭裤或九分裤。但怎样穿才不让人觉得你老气呢？答案是拒绝用纱、绸缎面料的上衣来搭配喇叭裤。如果厌恶了这种太过张扬的复古装扮，你还可以考虑"度假时装"：拖地长裙、草帽、人字拖 。

选手：菲菲(服装营销)

编辑好评度：★★★★

菲菲：走到柜台前，粉色的尖头皮鞋一下子就吸引了我的目光，我想它就是所谓的点睛之笔。

编辑点评：无论是柳钉流苏马甲还是金属感 Legging 都很 80 年代，尤其是粉红色的鞋 很 Sharp。

搭配关键词：柳钉、流苏、金属、Legging、喇叭牛仔裤

乡村印花蓬蓬裙、拖地长裙、金属饰品、华丽摇滚、束胸衣外穿、高腰 A 字裙、高腰翘臀裤子、喇叭裤、连身裤等都是今年街头的潮流，它们其实都来自凝聚了大多数人童年回忆的 80 年代复古风。

如何选择搭配

复古格纹 A 字裙搭配皮夹克是 60 年代歌厅的产物。更喜欢挑战过去的白领女性，可以选择更加百搭的高腰裙，搭配衬衣、圆领 T 恤、背心等。

选手：赵婷(摄影制片人)

编辑好评度：★★★

赵婷：头饰跟裙子的颜色本身就是我本人比较偏爱的颜色，具有 80 年代复古风潮的皮衣，内搭黑色蕾丝吊带，内柔外刚的搭配给人以性感的印象。

编辑点评：黑色过多，里面那个丝绸的背心，感觉皱皱巴巴的，和皮夹克那种利落劲儿不搭。

搭配关键词：金属夹克、高腰裙

PK 率直中性非我莫属

人人都在追求最时髦或是最佳的出色穿衣法则，但是，往往好的东西总在你的"理所当然"以外"自在"地游离。做为今年大热的男式中长款西装是不错的选择，配上一些闪烁的配饰后，呈现出率真般中性风潮。

如何选择搭配

如果将深色西装里的白衬衫换成桃红绸缎质感的低胸吊带背心，这样的她比例更好了；牛仔裤也可以选择黑色热西裤；若你着迷涂鸦纹的铅笔裤或亮面 legging，那么你的脚上绝对更加需要罗马高跟鞋。各种中性要素都别

忘了用最极端的女性柔和要素来混搭,这种效果才是最佳的中性风格。

编辑好评度:★ ★ ★

菲菲:长西服是我一直想要尝试的,这次自行搭配正好可以用上,经典的白衬衫,今年大热的破仔裤,统统都是今季必 Check 的单品。

编辑点评:白衬衫本来就自带性感暗示,虽然这样比较简单,但是另外一方面,黑白配也会显得比较高街。

搭配关键词:男士中长款西装、白衬衫

如何选择搭配

潇洒的中性女孩选择了一件宽领无腰款的大 T 恤,利用爵士帽将你的长发收起,看上去利落干练。如果将大号 T 恤换成超长衬衫加一条粗皮带也能营造同样效果。

编辑好评度:★ ★ ★

赵婷:首先我觉得草帽、马甲、短靴的颜色相互呼应,使得搭配有了整体感,草帽使人联想起悠闲的假期,自然而然地展现出小男孩儿般率真的个性。

编辑点评: Kate Moss 式的装扮 但又有点自己的小心思。

搭配关键词:大号长款上衣、铅笔裤、中筒马靴、爵士帽

PK 谁才是优雅的最佳诠释

在生活中,做一个优雅的女人应该是女人一生中的崇

高境界。优雅绝非仅仅是你内心存活着的一种智慧,而连你的外表也同时需要具备优雅的特质——自然、个性、简洁、知性是最佳的优雅形态。同时,也是新型职场女性的一种"职装战役"。

搭配关键词:小礼服、荷叶边、筒裙、A 字裙

如何选择搭配

1. 小礼服不用多说,绝对是优雅女性的首选。在今季如果你选择吊带或是抹胸连衣裙,最好搭配颜色反差大的宽腰带作为搭配,它不仅可以塑造完美的身材比例,而且会让你显得更加的时髦。如果是单肩礼服,那么无需搭配过多的饰品,只需宽大的手镯做个陪衬或是像 Paris Hilton 一样带个头箍发饰,保持整体的简洁最为重要。另外一双迷人的高跟鞋是优雅女性的不二选择。

2. 别以为工装裤演变后的连体裤就不能展现优雅品质,像丝缎质的连体裤就加入了一些礼服的细节,比如一件低胸设计的绸缎连体裤,所有的亮点都聚焦在颈部和胸前,这时搭配大件金属项链,就轻易塑造出优雅的感觉。

编辑好评度:★ ★ ★ ★

赵婷:我觉得经典的黑色小礼服一向最能衬托出女性的优雅,肩头的钻饰增加了整体的设计感,手镯和手包的搭配使整体显得更加丰富。

编辑点评:小黑裙反正就是经典,比较正式,虽然不算出色,但贵在保险。另外一个看点就是红色信封包的撞色很是抢眼。

菲菲:体现女性温文尔雅的荷叶边 T 恤想必是今季职

场 OL 装扮的重要单品,我用它来搭配格子高腰裙,体现出我最知性的一面。

编辑点评:款式就比较过时,事实又一次证明,我们黄种人还是不要轻易尝试浅米色。

搭配关键词:小礼服、荷叶边、简裙、A 字裙

PK我要做时尚运动达人

时尚与运动的结合可以说如火如荼,从材质到细节设计,巧妙地将两者结合。像运动背心则被改装成各式各样的新型样式,其中包括连身的背带裤、像马甲一样的闪亮白色小背心、背心运动裙等。

如何选择搭配

粉色大号背心搭配束脚裤。本季的校裤回归时尚圈,从前非常讨厌学校校裤的,或许要重新爱上校裤束脚的效果了。上身也可以穿着一字领长 T 恤或者垮肩 T 恤,佩戴上一条超大号项链或者三四条不同长度的项链。非常适合平日与朋友一起逛街、聚会或出没时尚场所。

编辑好评度:★ ★

菲菲:跨栏背心是今年大热的款式,如果我用它搭配单一的运动裤肯定过于 Out,那么今年经过改良后的灯笼西裤无疑是最佳的。

编辑点评:有点倾向时装的感觉,也还好,但是不够亮眼。

搭配关键词:短款运动装、热辣短裤、运动裤

如何选择搭配

短款运动外套搭配比其长的 T 恤,九分运动裤可以大胆考虑女排运动员的热辣短裤,这是成为派对女王的价值单品;上身还可以搭配镶满亮片的单肩背心;上半身也可以利用两件套背心的色差来混搭出夏日的活力感。

编辑好评度:★ ★ ★ ★

赵婷:我喜欢明快,艳丽的撞色产生出运动阳光的感觉,时尚又健康。

编辑点评:很喜欢这套搭配,撞色很大胆,非常成功。

颜色混搭推荐

荧光橙红色＋嫩黄色、粉红色＋灰色、淡蓝色＋白色、蓝色＋桃红色。绝对是夜里狂欢的魅力女王。

总结花絮

复古浪潮 PK 菲菲胜出

复古风格最后菲菲以一票胜出,粉色的尖头高跟鞋成为了她获胜的缘由。在选择之初,这双鞋让她们仿佛着了魔似地展开了"争鞋大战",站在柜台久久不愿离去,最后虽以赵同学惜败,但她这三寸不烂、喋喋不休的功夫还真让人敬佩……个人认为菲菲这身搭配单拿出来并无太大新意,但是贵在整体的效果还不错,一双荧光色高跟鞋让整身装扮高级了起来。而赵婷这身的撞色还是非常具有 80 年代摇滚复古风潮,如果内搭金色大领裹身裙效果会更好。

率直中性 PK 平分秋色

两人平分秋色,最后以平手告终。初选之际,因为她们平时都很少尝试西服的搭配,都不约而同地选择了它,但还好这次的争论并没有持续太久,赵婷又移情别恋地相中那款叠搭的长 T 恤,搭配铅笔裤和靴子,头上编织礼帽一戴确实很帅气。而菲菲选择了经典的黑白搭配,这肯定不会错,白色的衬衫挑起一丝性感的妩媚,最主要的是非常符合她本人的气质,过多的花哨对于她本身并不实用。

优雅诠释 PK 赵婷略胜一筹

搭配这身着实难为她俩,也是时间最长的赛事。尤其是赵婷,用她的话说"她的字典里就没有优雅二字",也难怪当她穿上女性专用的优雅礼服,感觉总是有点格格不入。如果搭配一条红色宽腰带势必会更优。另外,红色信封包在这里起到了画龙点睛的一笔。菲菲上身的荷叶边 T 恤真是不好看,如果挑选有些设计、有拼接色的款式就不会落下如此低的分数。

时尚运动 PK 赵婷完胜

说到运动,这下她们可来了劲。拍摄地旁边就是一家运动品牌店,赵婷飞快地跑进店铺,三两下就挑中了几款,最后的撞色搭配也确实很完美。菲菲一看到赵婷如此之快地完成任务,当然不甘示弱,跑到海滩店内挑选一番,但似乎并不中意,随后又逛了几圈,一经再试,选择了跨栏背心 + 灯笼西裤。可败笔就在于单品过于平淡,而且裤子的材质不够运动,感觉像是在时装与运动边缘徘徊。

以两个普通消费者的姿态,将她们拉进商场自选搭配,由编辑自定四种风格,并融合编辑评审团的形式,给予中肯的点评来进行 PK 赛。因为时下各种选秀 PK 大行其道,大家看惯了唱歌、跳舞、魔术等电视栏目,但是对于服装真正意义上的 PK 相对匮乏。本身看似常规的四种风格,融入了 PK 的元素,就会让人感觉非常地有趣,而且挑选了两位普通消费者,会更加地具有实用性,阅读后有种身临其境的感觉。其次,编辑评审团的不同见解与好评度也加深了专题的戏剧性,非常耐读。

中层着装好感术

撰文 / 王苗

无论是你初入职场,还是早已站稳脚跟的中坚力量,在工作中博得从上到下各个阶层对你的好感,永远是门修不完的功课。跟同事保持不错的情感沟通固然是积淀好人缘的基石,而一身打破刻板印象的职场装扮,却往往能带来意想不到的好感加分,男同事不用说,对时尚养眼女人几乎没有抗体,至于女性同事,时装简直是拉近距离的最佳话题。本次,《精品》邀得三位拥有极佳人缘的时尚精英,为我们展示她们最得意的职场装扮,其实,受上级信任、下属爱戴的好人缘,是可以穿出来的。

肩部饰羽毛黑色长西装
ELDI 3500 元

黄色丝质衬衫 1098 元
购于香港时装店

金色蝴蝶结项链 Dior
1000 多元

米白色格子连衣裙
Burberry Blue Label
约 2700 元

"穿着这身搭配上班,大家都说我'气色真好!'特有女人味儿!'这件黄衬衫是我的最爱,很衬我的肤色,而且细节设计特别漂亮,高腰裙今年大热,修身款很显身材。"

"这条裙子被同事评价'有一种低调的华美',很多人都来问我什么牌子,从哪里买的。我觉得它的设计非常简洁、大方,泡泡袖和裙摆两侧的压褶让它透着点活泼甜美,整体却又显得很优雅。"

黑色腕表 Versace
约 26000 元

金色时装腕表
约 280 元 购于
日本时装店

银色戒指
Luna 598 元

黑色修身高腰裙
Luna 798 元

黑色 V 领连衣裙
DKNY 约 2000 元

"这件黑西装远看觉得平淡无奇,但当同事走近我时,几乎每个人都会惊呼:'这羽毛真漂亮!'这也是我第一眼爱上它的原因。"

黑色蝴蝶结高跟鞋
Nine West 900 多元

浅啡色印花手袋
Coach 约 6000 元

蓝色蛇纹高跟鞋
Just Cavalli 1500 元

暗金色高跟鞋
Hotwind 399 元

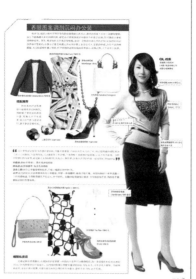

"这条裙子被同事评价'有一种低调的华美',很多人都来问我什么牌子、从哪里买的。我觉得它的设计非常简洁、大方,泡泡袖和裙摆两侧的压褶让它透着点活泼甜美,整体却又显得很优雅。"

"这件黑西装远看觉得平淡无奇,但当同事走近我时,几乎每个人都会惊呼:'这羽毛真漂亮!'这也是我第一眼爱上它的原因。"

"穿着这身搭配上班,大家都说我'气色真好!特有女人味儿!'这件黄衬衫是我的最爱,很衬我的肤色,而且细节设计特别漂亮,高腰裙今年大热,修身款很显身材。"

养眼图案调剂沉闷办公装

OL 档案

徐春燕 丰田汽车(中国)投资有限公司 经营企划课课长

很多 OL 提起上班时不得不穿的职业套装就头疼无比,整日的西装＋衬衫＋及膝铅笔裙,加上不能暴露太多的种种约束,感觉办公室就像是时尚都市中的真空区域,任何潮流元素都被隔绝在外。其实,除非你的工作要求穿制服,否则一定有你小动心思的空间,比如衬衫可以选择波点图案的,应景当下复古风潮之余也令你看上去亲切可人;若要扮性感,大可不必挤胸露腿,太过招摇难免遭人排挤,何不内搭件动物纹路的吊带背心,效果达到,又不会令人反感。

搭配推荐

粉色系的印花图案给人很甜美亲切的感觉,搭配镶了雪纺边的黑色外套,稳重之余不失柔美,简洁大气的山茶花耳钉,赋予更多优雅风采。

"办公室里是比较忌讳性感的装扮的,但整天穿套装、白衬衫未免太沉闷了些,所以我稳重的搭配里加了点小小的豹纹,不是很夸张,又让着装多了些点缀,下身搭配一条修身的铅笔裙,让自己有点曲线。没想到同事们相当受落,都说看上去身材特好,还有点小野性美,好多人还因此约我一起去逛街 Shopping。"

好感点:豹纹吊带背心、黑色修身铅笔裙

时尚点:皮质细腰带、暗金色高跟鞋

适合人群:对办公室着装限制较多,只能小幅度玩花样的 OL。

点评:驼色的针织衫是很基本的办公室着装,外搭一条细腰带,顿添干练印象。内搭的豹纹小吊带流露小小的性感味道,令搭配亮眼又不会过火,分寸刚好。及膝的铅笔裙设计修身,令玲珑曲线尽显,同样是不靠露肤达到的性感效果。

编辑私房话:好感这种东西很微妙,在规矩的时装里搭一件豹纹小吊带可以博得喝彩,而一条招摇的豹纹连衣裙却可以让所有同事对你行斜视礼。较性感的图案在搭配中最好控制在 10% 左右,才不会扎人眼球。而如果是波点、花朵之类的图案,只要外面还有件压得住阵的外套在,面积大至 70% 也无所谓。

OL 档案
月亮　中国铁通集团
有限公司北京分公司
市场部业务主管

水晶装饰耳环、项链
价格未知　朋友送

黑色西装 798 元
购于香港时装店

蓝色抓褶连衣裙
Luna 850 元

黑色饰蝴蝶结高跟鞋
Nine West 900 多元

OL 档案
Maggie 范思哲(中国)
商业有限公司
高级公关主管

中式印花长裙
购于时装小

编织
Versace

黑色吊带 Zara 约 100 元

黑色九分裤
Zara 400 多

暗金色艺术鞋跟
高跟鞋 Versace 约 3800 元

OL 档案
徐春燕 丰田汽车
(中国)投资有限公司
经营企划课课长

珍珠项链 Italina 价格忘记

豹纹吊带背心
Honeys 100 元

米色 V 领针织衫
约 280 元 购于日本小店

棕色皮质细腰带 200 多元
购于日本小店

黑色修身铅笔裙
Club Monaco 1000 多元

亮丽色彩令人心情愉悦

OL 档案

月亮 中国铁通集团有限公司北京分公司市场部业务主管

　　鲜艳亮丽的色彩往往都会带给人好心情，只要你不是把几种颜色乱搭一气，穿得惊世骇俗，亮色绝对是你赚得好感的法宝。只要你的办公室给亮色开出了通行证，就好好地把它利用起来吧，橙色、紫色和亮蓝色，无论是出现在高跟鞋上的一抹，还是一整条单色连衣裙，只要配合经典大方的款式、质地优良的面料，这些高饱和度的色彩，定会为你带来同样满溢的好感指数。

搭配推荐

　　无袖西装给职场女性带来更多时尚选择，一件亮蓝色的无袖过臀长西装搭配黑色 legging，再外系一条细腰带，踩双高跟鞋，十足摩登。

　　"我特别喜欢亮色的衣服，同事们看到我的蓝裙子都说'看见你就让人觉得开心！'而且这条裙子的剪裁非常合身，能很好地显示出女人的 S 曲线，单穿可以出席一些较正式的场合，搭配一件黑色西装，就能出现在办公室。"

好感点： 蓝色抓褶连衣裙、黑色小西装

时尚点： 饰蝴蝶结高跟鞋

适合人群： 对办公室着装要求较宽松，钟爱亮色的 OL。

点评： 不是所有的办公室都能接受这样的着装，亮眼的蓝色结合抓褶细节，还有深 V 的领口，俨然是出席公司酒会时的抢眼扮相，但加上一件黑西装，便立刻让人找到了职场女精英的感觉。

编辑私房话： 亮色并非人人适合，如果你肌肤白皙，颜色当然随便你挑，如果肌肤偏黄或黑，就尽量远离暖色系吧，蓝、紫等冷色系会更衬你的肤色。另外，最好还是不要一整身的亮色穿到办公室去，适当地加件黑、白或灰色的西装或精干外套，让领导知道，你并不只是惹人欢喜的大彩蝶，工作能力同样能令他满意。

个性设计赢得一片赞美

OL 档案

Maggie 范思哲(中国)商业有限公司 高级公关主管

　　"有特点的个性设计在办公室的出镜率极低，但如果是在时尚界的 office，没个性才是你的悲哀。将建筑廓形、中西混搭、异域风情这些元素波澜不惊地融入职业装的穿搭

之中，并散发出精明强干的精英气质，能做到的，已经是时尚高手了，而同事也一定会为你大力喝彩。"

搭配推荐

谁说白衬衫就代表着乏味？这件白衬衫就足以让所有"憎恨"白衬衫的 OL 们重燃爱火，谁能想到建筑廓形也搬到了白衬衫的肩头？搭配中式丝缎半裙，也过把混搭瘾。

"这件中式长衫是我在小店里淘的，第一次穿到办公室里，简直引起了轰动，所有的同事都夸这件衣服极赞。我的同事中有不少是意大利人，这种既有中国特色又 fashion 的时装，让她们非常感兴趣，我们的关系就是在各种讨论时装的话题中，变得更加亲密。"

好感点：中式印花长衫、编织皮质宽手镯

时尚点：瘦腿九分裤、暗金色艺术鞋跟高跟鞋

适合人群：工作于时尚行业或对办公室着装没有特殊要求的 OL。

点评：绚丽的中式印花长衫搭配时髦的九分瘦腿裤，还有热带风情的宽手镯与金属色高跟鞋的加入，把中西混搭玩到极致，而且内紧外松的搭配方式，也令身材更显纤瘦。

编辑私房话：个性设计的玩法就是，细节可以出位，款式还是要归到职业装的正轨上来，这样才不至于玩过界。而且要切忌过于夸张的廓形设计及装饰，否则会给人太盛气凌人的感觉，无形中拒人于千里之外。

老王评报

选择的三位时尚精英来自不同的行业，都对职场中的时尚穿衣甚有心得，同时编辑的寻找工作也有相当大的难度。时尚精英能够现身说法，是对读者最直接，也是最有说服力的。内容结合真人采访及编辑点评，为读者呈现了最真实的例证和非常实用的单品推荐，版式方面结合人物服装拉线介绍形式，令读者的阅读更加清晰明了。而设置的好感点、时尚点、编辑私房话等内容分层，也明确到位，服务性强。

巧妙着装
开动夏日减重计划

撰文 / 屈天鹏

> 夏日对于爱美的女人来说，绝对是又爱又恨。爱的是可以穿上最漂亮的印花雪纺裙、火辣的迷你裙、性感的高跟凉鞋……在大街上摇曳生姿；恨的却是在轻薄的衣料之下，身上的赘肉无所遁形，只得痛恨为何在夏季来到之前，没有好好修身减肥。
>
> 只是，徒然悔恨抱憾，倒不如打起精神，想想对策，如何让今季最热门的潮流服装单品打一场掩护战，来针对你的"突出"部位，令"多余"的部位在不知不觉中隐形，跟上潮流之余，更可在不知不觉中达到减重目的，达到双赢局面。
>
> 不过，需要提醒大家的是，这种"障眼法"仅仅是治标，想要将任何靓衫都着上身，还是应当努力减肥，这才是治本的良方！

针对目标1 手臂

Q1：我的上臂很松弛，一穿上吊带或短袖的服装都能明显看见所谓的"蝴蝶袖"，应当怎样解决？

A1：上臂松弛是大多数女人普遍的困扰，就算是偏瘦的女人都有可能遇到这种问题。在今季其实这种问题很好解决，大热的泡泡袖、水袖、蝙蝠袖等，都能够轻易掩盖你的"蝴蝶袖"。

明星示范

手臂一向是范冰冰很难消除的缺憾，选择白色泡泡袖连身裙的她，比起平日穿礼服更显纤瘦，更带出清纯的感觉。

Q2：曾经热爱运动的我，到了现在却发现手臂太过"健壮"，甚至连小臂都是如此，但我可不想被认做是"男人婆"，怎么办才好？

A2：目前市面上流行的在小臂位做层叠处理的款式，或是7分长度的喇叭袖、泡泡袖等，都能轻易将你过粗的手臂掩饰，更增添无限的女人味。

明星示范

健身成狂的麦当娜如男人般健壮的手臂时常被人诟病，所以她选择以民族风的连身裙的喇叭袖来遮掩，表现出十足女人味。

贴心提示

1. 切记不要选择俗称"公主袖"的小泡泡袖，在上臂位收紧的长度，正好将视线聚焦在你的上臂，选择及手肘位置的才恰当。

2. 应当尽量选择浅色的服装，一是适合夏季，二也是能够减退老气之嫌。

3. 有垂坠感或硬挺的面料才是你恰当的选择。

4. 今季大热的超宽手镯能够对比出手腕的纤细，产生视觉的误差。

针对目标2 丰满胸部

Q1：就算很瘦，但胸部太大也很容易还是不觉得瘦，是最令人气愤的事。怎么穿才能避免这个问题呢？

A1：恭喜你，这应当是最吸引异性的身材，尤其在夏季更占便宜。根本无需隐藏，大胆选择低胸或低V的连身裙或上衣吧！无论搭配今夏最热门伞裙或及膝裙，营造出性感女神玛丽莲·梦露的怀日风格，还是搭配热裤营造出热辣感，都是无比的诱惑。

明星示范

一向以丰满身材为人所称道的凯瑟琳·泽塔·琼斯，大胆穿上桃红色低胸贴身裙，将减肥后的好身材完全突出，展现出性感熟女的魅力。

Q2："苹果形"身材的我不但胸部大，背也很厚，在夏季应该如何选择服装呢？

A2：背肥的人当然大忌露背装，其次就是背心，均会予人虎背熊腰的感觉。其实选穿深色短袖上衣已经收到一定效果，款式简单剪裁修身，嫌单调的话可以把细节留在下身发挥，转移旁人的注意力，看上去就会瘦一些。

明星示范

身材健硕的碧昂斯总是以性感装扮来表达自己的健

康美。黑色的衬衫在视觉上有收缩效果,层叠的项链装饰吸引了所有的视线,令她显得纤瘦不少。

贴心提示

1. 娃娃装尽管是热门单品,但对于胸部大的女性来说,很容易穿出"孕"味。如果真的想尝试,那么用粗腰带系在胸部以下的位置,能够改善。

2. 对于大胸部女性来说,内衣的选择尤为重要,选择承托力好的款式才是恰当。

3 . 5cm 以上的腰带是能够塑造出你性感身形的好道具,大可入手多条备用。

针对目标3 腰部

Q1 :长期在办公室坐在电脑前工作,不知不觉中腰部就会积累很多的脂肪,令我极为困扰,怎样穿才能避免"小腹婆"这个称号呢?

A1 :不健康的饮食习惯以及长期坐在电脑前很少运动,都是导致现代白领腰部渐粗的原因,所幸还有无腰线设计的服装,如娃娃装,茧形线条或直线条的服装帮助她们,不过切记要选择比较硬挺的质料。

明星示范

品位一向被人质疑的林嘉欣,身穿红色直身裙亮相,是近期较为成功的装扮,可惜渔网袜是个败笔,未能达到完美。

Q2 :尽管从身材比例来看,我是长腿一族,但另一方

面我的腰短也造成我没腰,甚至有胃腩,感觉似小朋友的身材一般,我该怎样才能显出曲线美呢?

A2 :腰带应当是你的最佳伴侣,不过最好系在胯部附近,能够将上身显长,也忽略了这个问题。此外,高腰线的服装或是上松下紧的倒三角阔形,或是穿上短裤或迷你裙,将视线吸引到下半身,都能令人忽略这个问题。

明星示范

刚生产完不久的哈莉·贝瑞,还未回复以前的曼妙身材,所以选择娃娃裙亮相,但可惜胸部过大的她穿来,却令人感觉还在孕期当中,有些失手!

贴心提示

1. 慎选贴身或弹性的面料,都是令你的"缺点"显露无遗的"杀手"!

2. 对于有小腹的女性来说,尽量不要在腰部大做文章,不要选择在腰部有太多细节的款式。但对于没有腰线的女性,则可以在胯部系条腰带,无论是与长款 T 恤,还是宽松上衣搭配,都能显出线条。

3. 对于腰部有赘肉的女性来说,若选择分身搭配,上衣应尽量避免大印花,纯色和小碎花较有视觉收缩的效果。

针对目标4 腿部

Q1 :从上粗到下的"象腿"简直令我快要崩溃,无论怎样减肥都没有办法改善,应当如何穿衣才能改善呢?

A1 : "象腿"是亚洲女士普遍遇到的问题,可以选择在裤子的两边加深色图案边的款式,令裤子看上来窄些。此外,今季流行的民族风长裙或宽身剪裁的及膝裙,都是能够遮掩"象腿"的好办法。

明星示范

"舞功"惊人的菲姬腿部极有力量,当然也不会太过纤细。但是,在波希米亚风的长裙之下,你还能发现她腿粗的秘密吗?

Q2 别人都是大腿粗,可我偏偏是小腿粗,一到夏季就很烦恼,不知道怎么穿才显苗条?

A2 : 今夏大热的阔腿裤与喇叭裤,相信能够帮你轻易解决这个问题,如果硬要穿短裙的话,不妨加双宽筒靴子,尽管与天气有些不搭,但在近年无季节差别风潮越来越热的状况下,似乎也可以接受。

明星示范

萧亚轩的比例其实并不算佳,有些腰长腿短之嫌,所以她大多时候都会选择迷你装扮搭配高跟鞋出现,搭配宽松上衣,不经意间就将缺点隐形。

Q3 腿既粗又短的我,常被人讥笑是"萝卜腿",究竟该如何穿才能改善这个缺点啊?

A3 : 对于腿又粗又短的女性来说,选择及膝裙配尖头高跟鞋能令双腿看上去更修长,也可以选择比较修身的直筒裤,就算略长也无所谓,在内穿上超高的高跟鞋,立刻能起到增高又减重之效。

明星示范

身材娇小的凯莉·米洛以美臀闻名,可惜臀部大的后果就是容易显得腿短,但极懂穿衣之道的她,穿上高腰阔腿裤,搭配高跟鞋,轻易就拉长了身材比例。

Q4 过大的臀部时常都伴随着过粗的大腿一同出现,成为最令我烦恼的部位,如何选择合适的服装来改善这点呢?

A4 : 波希米亚风格的长裙、高腰线剪裁的及膝娃娃裙,又或是选择剪裁合适的阔腿裤都能轻易解决这个问题,热裤加上平底鞋的搭配则是绝对的禁忌。

明星示范

自小学习芭蕾舞的杨千一直都不满意自己的双腿,所以要不穿长裙或长裤,要不就在裙内搭配牛仔裤,不把缺点暴露人前。

贴心提示

1. 小腿粗的女性尝试裙装时,选择裙长至小腿肚一半的位置,可以令视点放在纤细的脚踝上,转移焦点。

2. 身材娇小的你不适合大长裙,选择不规则裙摆、雪纺质地等细节,在摇曳中混淆视觉,才能打造纤瘦形象。

3. 及膝半裙是腿粗人士最好的搭配单品,可以从视觉上拉伸腿部的线条,深色系的裙装显得腿部比较细长,或是将上衣和半裙的颜色统一在同一色系中,上浅下深让人感觉比较和谐。

4. 小腿如果不够长,最好不要穿七分裤,选择在膝盖以上的长度才能显出双腿的修长,如果小腿粗的话,不妨

穿上宽筒的靴子来遮盖。

针对目标5 臀部

Q1：我是亚洲女性典型的"梨形"身材，上身瘦平，但臀部却很大，感觉穿什么都不会好看，很是苦恼。

A1：在穿衣时，应当把视觉的注意力集中在上身，多些细节放在性感颈项上。穿窄身上衣、长外套和及膝裙，避免贴身铅笔裤及喇叭裤。不过，今夏流行的伞裙或茧形裙，都可以改善这一点。

明星示范

詹妮弗·洛佩兹的美臀几乎人尽皆知，穿上连身礼服的她，巧妙地掩饰了还未完全恢复的身材，也拉高了身材比例，值得借鉴。

Q2：我的臀部属于正常尺寸，但却扁平而且有些下坠之嫌，穿裤子时特别难看，应该怎样解决呢？

A2：对于臀部扁平的女性来说，裙装无疑是最好选择，尤其是蛋糕裙、百褶裙或伞裙等。在裤装方面，今季力捧的灯笼裤也是能够遮挡的款式，但依旧还是要避免绸缎之类过于柔软的质料。

明星示范

黑人女性通常都有性感的臀部，以及不算纤细但却修长的大腿，就如同雷哈娜一般，时常以迷你裙亮相，将美腿亮出，也令人忽略了臀部大的问题。

贴心提示

1. 在穿贴身裤时加多件小裙盖，或是长款上衣，亦可以起遮掩大臀的作用。

2. 对于臀部偏大的女性来说，铅笔裤、喇叭裤都是应当避免的款式，若是阔腿裤或直筒裤的话，应该选择挺括的质料，以及腰线较高的款式，才能令人忽略这个问题，低腰款则是禁忌。

3. 选择大面积的印花图案或鲜亮的色彩，就算是贴身的热裤，也能够让扁平的臀部显得挺翘起来。

老王评报

正如世界的多样性一样，生活中的每个个体，更不可能是经过工业化设计制造的标准产品，所以巧妙利用着装来"扬长避短"其实是爱美之人的必修课。本文针对手臂、胸部、腰部、腿部、臀部等关键部位的"不雅造型"提出装饰之道，有明星示范，有服装推荐，更有"贴心提示"，想得很周到。

外套整形术

撰文 / 屈天鹏

春日来临,经过漫长冬天滋生的脂肪尚未来得及消灭,能够遮掩的小外套立刻成为热门单品。

只是,对于外套,我们总有着这样那样的疑问:为何商场中、橱窗中那么多的外套,总是选不中自己合意的? 明明是差不多的款式,为何有人能穿出名模风范,而你,却仅仅是个路人? 究竟是身材不如人,还是眼光太差?

事实上,就普通人来说,完美身材近乎于不可能的任务,穿得好看与否,最关键是要懂得如何将自己的身材"整形"?

这里当然不是说走上血淋淋的手术台,而是要先认清自身的优缺点,在万千商品中,选出适合自己身材的那一款,让自己的身材看起来更为理想。当然,这不过是权宜之计,切记真正的完美身材,还需更多努力!

整形部位1 腹部

腰腹位,绝对是脂肪堆积的重灾区,尤其是对于许多长期在电脑面前工作的白领来说,腰部脂肪绝对令她们深恶痛绝,再加上过完整个冬季,若不想被人误会成"有喜",在未来得及修身前,选件能够遮盖腰部赘肉的外套才是当务之急的最佳选择。

整形方案 A 宽松掩眼

针对目标:四肢纤细的 O 形身材

若你属于四肢纤细、仅仅只想遮盖腰间赘肉的类型,最简单的方法自然是选择 A 字形的外套,长度以刚及腰部为宜,再搭配吸腿裤,轻易将赘肉从视觉上消灭。

莫妮卡·克鲁兹以宽松款外套搭配松身及膝裙的装扮,能将身材的缺陷全部掩盖,整身黑色也是能从视觉上令身材收缩的好方法。

凯蒂·赫尔姆斯在五分袖的宽松外套中,穿上黑色的

紧身打底装，是令身材显得苗条的极佳做法，值得效仿，绿色碎花围巾则是为衣着增添新意的极佳搭配方式。

编辑推荐

黑色双排扣短外套

七分袖、A-Line 剪裁，经典的款式，多穿几年都不会过时。

搭配度甚高，休闲时可搭配牛仔裤，若换成西裤或半身裙，也可直接穿进办公室。

整形方案 B　层次修饰

许多女性都为自己没有线条的腰部或是突出的小腹感到烦恼，若想塑造纤腰的效果，可以选择在腰部略有修身的短外套，质料以硬挺为佳，搭配上层叠蛋糕裙或是直筒连身裙，令赘肉不知不觉地隐形。

辣妹成员梅尔西没有队友维多利亚的纤细身形，但她以剪裁甚佳的黑色套装来掩饰其丰满的上半身，却是聪明的方法，反能显得性感而富有女人味。

层叠式的连身裙最适合没有纤腰的女性，如模特夏洛特·达顿一般，搭配件长度正好及腰的修身外套，显得利落，更能将身材比例拉长。

编辑推荐

黑色短外套、黑色连身裙

剪裁一流的黑色连身裙，略微的收腰剪裁恰好修饰腰部线条，搭配短身西装外套，能够拉长整身比例。

在上班时以这般搭配出现，下班之后加条长项链，脱下外套，即可出席商务宴会，最适合事业繁忙的白领女性。

TIPS

别害怕修身外套，只要搭配得当、选择剪裁修身但不贴身的款式，照样可以穿出苗条，但质料应以硬挺的为佳。

以华丽夸张的项链、充满女人味的丝巾或胸花等配饰作点缀，可以转移大家对腰部的注意力。

整形部位2　肩部

肩部在以往似乎是不大被人重视的部位，但在今季1980 年代式的大垫肩风潮回归之下，这个部位你不能不重视。肩太宽穿上会更显壮硕，肩太窄又似乎担当不起，才发现原来外套与肩膀是有着如此亲密的关系。

整形方案 A　阔领出位

针对目标：过于宽、平的肩膀

肩宽的女性撑得起衣服，但另一方面，若肩部过宽，却会令人产生过于壮硕之感，所以在选择外套时，一定要避免有垫肩、肩章等款式，选择大开领、圆肩线的剪裁才是应对之道。

拥有甜美相貌及高大身材的安妮·海瑟薇，以鲜艳的红色手袋及碎花短裙，轻易就夺去了大家对她肩膀的注意力。

身材高挑的梁咏琪拥有宽且平的肩部，所以她选择了运动款休闲夹克，以宽松的剪裁轻易将这个缺点掩盖掉，有型而不失活力。

编辑推荐

黑色连帽外套

运动面料的运用，打破了西装一贯的硬朗，雪纺质地的帽子，又在运动味中加入了女人的温柔味道。

未加垫肩的西装外套绝不适合斜肩的女性，只有宽肩的你才能穿出这种架势。

整形方案 B　硬朗轮廓

针对目标:溜肩

东方女性的身材普遍娇小，而且以溜肩居多，穿西装外套很多时候会显得不够有型，所以你需要以带点垫肩，或是有些泡泡袖的款式来修饰不足，而且一定要搭配上修身短小的剪裁，令身材比例显得更完美。

身形过度瘦削的凯拉·奈特利一向有"火柴人"之称，倒是在穿上摇滚味十足的机车夹克时，比例看来协调了许多，显出难能一见的硬朗气质。

身材娇小的章子怡，选择了银色的机车夹克，刻意强调的肩部设计令她显出大气，搭配黑色的上衣及牛仔裤，简洁而富有明星气质。

编辑推荐

银色皮质短夹克

极具太空气质的短夹克，硬挺的衣身、垫肩的运用，以及前卫的设计，能让娇小的你显得更加有型。

超短的剪裁，简单搭配紧身针织上衣或 T 恤，以及黑色吸腿裤及高跟鞋，轻易穿出摇滚明星味。

TIPS

今年流行的夸张垫肩西装，反而能够遮盖肩宽高挑的女性，只是有些夸张。但是，身材娇小的女性却应当慎选这类款式，否则会有泰山压顶的感觉。

窄肩而又娇小的女性不适合垫肩过厚的外套，但想掩盖缺点，可以选择泡泡袖的设计，或是加上肩章的修身军装。此外，马甲也是你的好选择。

整形部位3　臀部

对于臀部扁平无线条的女性来说，长度在臀线以下的外套在今季的回归简直是一大福音，轻易就能将长久以来困扰心中的问题解决。不过身材不够高的女性应该慎选。

整形方案 A　掩盖有方

针对目标:扁平无线条的臀部

若你属于四肢纤细、仅仅只想遮盖腰间赘肉的类型，最简单的方法自然是选择 A 字形的外套，长度以刚及腰部为宜，再搭配吸腿裤，轻易将赘肉从视觉上消灭。

模特出身的乌玛·瑟曼身材极高，轻易将中性设计的西装长外套穿出霸气，恰到好处的长度则正好遮盖了她渐渐走形的臀部及大腿，只余成熟之美。

编辑推荐

白色长款西装

修长的剪裁能够将身材显得更为高挑，恰到好处的长

度最适合臀部不够丰满的女性。

身材足够高挑的话，可以搭配阔腿裤;若只是普通身材，搭配迷你裙或短裤，再加高跟鞋，同样也能塑造高挑效果。

臀形不够完美也可以大胆穿上短外套，但要记得选择如奥黛丽·塔图一般的下装，硬挺材质的压褶伞裙能够让众人忽视你的臀部。

整形方案 B 下装出力

针对目标:扁平无线条的臀部

难道说臀形不够完美，就无法选择短外套? 当然不是，今季大热的伞裙及灯笼裤都是能够轻松遮盖臀形线条的好办法。

编辑推荐

黑色条纹西装、黑色条纹灯笼裤

许多臀部下垂的女性都容易显得腿短，不妨选择及腰的短身外套，能够令下身比例拉长。

搭配灯笼五分裤及百褶裙都能够将不完美的臀形掩盖，或是有提臀效果的牛仔裤也是不俗的选择，但阔腿裤则可免则免。

TIPS

若你是属于詹妮弗·洛佩兹式的丰满却结实的翘臀，不妨突出这个优点，选择紧身迷你裙，将视线聚焦到美腿上，不失为一个好办法。

整形部位4 手臂

长期缺乏运动，所造成的后果之一则是手臂的松弛，或是呈现出越来越粗的趋势。当然，这也是最容易以外套遮住的部位，尤其是近年来流行的喇叭袖、公主袖等，都能轻易将它化为无形。

整形方案 A 复古中袖

针对目标:肌肉型手臂

将和服式的剪裁融入现代服装当中，宽大的袖子，就算是再粗的手臂，也能巧妙掩盖，而且也能将宽肩的线条柔化。

两件式的斗篷外套搭配紧身及膝裙，令刘玉玲如同好莱坞1940 年代的女明星一般，气质强硬但又不减女人味。雷哈娜的彩蓝色宽袖短外套，极具复古气质，与粉紫色连身裙搭配在一起，不需要过多配饰，已充满张扬又奢华的气势。

编辑推荐

银灰色短外套

立体剪裁的短外套，在经典的款式中加入新鲜的细节，上身效果极佳。

搭配紧身的及膝裙或是 7 分裤，都能呈现出既现代又复古的优雅气质。

整形方案 B 公主迷思

针对目标:"蝴蝶袖"型手臂

从宫廷装中脱胎的泡泡袖于近年来大行其道,不但让女人们重拾公主梦,更让手臂线条不甚完美的你,有了新的选择。

编辑推荐

浅粉色短外套

将传统风衣改良,再加上可爱的泡泡袖,令外套充满甜美而又复古的淑女味道。

与伞裙搭配是今季最热门的 50 年代复古风格,或是穿上七分裤与芭蕾舞鞋,复制奥黛丽·赫本的魅力。

TIPS

选择能够遮盖手臂的外套时,一定不能忽略肩膀这一部位,否则很容易顾此失彼,出现不合身的现象。

整形部位5 胸部

选择小外套时,胸形的大小绝对是个关键。通常情况下,平胸的女性穿小外套一般都比较好看,如凯特·摩丝、张曼玉、郑秀文等都是最佳代表之一,但是谁又能忘记当年还在丰满时期的安吉丽娜·茱莉参加奥斯卡时的 Dolce&Gabanna 白色套装,艳惊四座,证明了世事无绝对,关键还得看自己如何搭配。

整形方案 A 重点突出

针对目标:丰满胸部

胸部一向都被视为女人身材的焦点部位,既然有丰满的身材,不妨将其突出,以大开领、剪裁合身的西装外套,将胸形轮廓勾勒出来,同时还能起到使腰部显得更为纤细的功效。

薇薇卡·福克斯的蓝色套装剪裁贴身,将她的性感身材勾勒得恰到好处,衣服上的撞钉装饰与金属色的高跟鞋形成呼应,是极有心思的搭配。

编辑推荐

银灰色西装外套

大开领的设计,以及腰部的 V 形剪裁,塑造出完美的 S 形身材,搭配黑色及膝裙及细高跟鞋,将女人味尽情挥发。

闪光锻面的质料,搭配一条小黑裙,就算是参加晚宴也不会失礼。

整形方案 B 再造丰满

针对目标:平胸

平胸的女人穿西装外套格外有型,而且选择性也颇大,但若想令自己告别"飞机场",则应该选择胸前有口袋等装饰或是褶皱等设计的外套,令身材显得更为玲珑有致。

对于平胸女性来说,如克里斯蒂·里奇一般,选择有扩张效果图案的格纹外套,是能够将身材"缺陷"掩盖的极佳策略。

编辑推荐

黄色西装、黄色短裤

鲜艳的荧光黄是春夏季的热点,胸前的口袋设计及领口的装饰都是令身材显得丰满的好工具。

TIPS

胸部丰满的女性最好选择深色外套,能够在视觉上起到收缩的作用,内穿 T 恤或针织上衣,效果比衬衫来得更好。

平胸一族可以选择在外套内穿上荷叶边衬衫或条纹、印花等图案的上衣,能够令身材显得更为丰满。

就普通人来说,完美身材近乎不可能的任务,穿得好看与否,最关键是要懂得如何将自己的身材"整形"。内容从腹部、肩部、臀部、手臂、胸部等关键部位予以美丽的指导。报道方式传承实物介绍、明星示范,编辑推荐及小知识(Tips)等组合,到位而实用。

扫荡全世界的时装店

拍摄完本期的"民间高手",才发现不是随便在"动物园"混个脸熟的主儿就能封为时装达人。这个一年中大半时间都在满世界"扫货"的女人,几乎在用一个职业时装买手的热情添置着自己的衣橱。巴黎"四区"的小店、伦敦的 liberty 百货公司、香港的百德新街、日本表参道的时装屋……她"扫荡"的身影无处不在。可当你认定她是一枚不折不扣的时装痴的时候,她却一边用"Alexander McQueen"擦眼镜,一边抛过来这样的满不在乎:"这些不过都是用来给人穿的衣服而已。"即便那件衣服的吊牌上标着 3 个零。

潮人曝光

Miss J ,时装、美容达人。相对于那种在"淘宝"或者"动批"混个熟门熟路就敢自封达人的选手,这位一年中几乎大半时间都在国外"扫货"的朋友,显然在用行动为沦落得越发廉价的"达人"二字正名。更难能可贵的是,你看,她的衣橱里不光挂上万的 Lanvin,也有从动物园淘来的 20 元钱的背心。

谁还把衣服当祖宗似的供着?

"衣服越旧越好,实在不明白那些买件衣服还得跟祖宗似的供着的人……"说这段话之前,本次拍摄的民间高手 J 同学正胡乱揪起她 2000 块的 Calvin Klein 风衣擦黑框眼镜。笔者实在看不过去,于是对她进行了很主流的喝斥:"好歹人家也是 Calvin Klein,您也太奢侈了,2000 块的眼镜布。""好吧。"显然她听取了建议,放下了 Calvin Klein,然后,抓起了穿在它里面的那件桃红色的 3000 块的 Alexander McQueen,继续擦。与此同时,说出了上面那段类似山本耀司或者川久保玲这样的人才会说出的话。

拍摄间隙,笔者总是忍不住瞟向那些在床上、地上、沙发上堆积如山的名牌,它们和想象中应该享受到的待遇大相径庭。Martine Magiela 和 Jil Sander 横七竖八地被压在一个角落,已经褪去了那种在店铺里俯视顾客的骄傲。

我就欣赏那些有骨气不出 It Bag 的牌子

Q :如果,下个月只能让你买一件单品,你要买什么?

A :估计会再买一件 moncler 的羽绒服吧,反正羽绒服这种东西明年还能穿。去西藏这种地方要最合适了,又轻便又保暖。

Q :你有什么衣服是穿了 5 年以上的吗?

A :一条 vintage 的 wrangler 牛仔裤,版型好,颜色磨得深得我心。再也找不到类似的替代品了。

Q :你衣橱里挂着那么多名牌,其中最受宠的是谁?

A :最近比较常穿 undercover、Zucca 和 martin margiela 。但是,内心最爱的其实是 Lanvin 和 Jil Sander。我喜欢它们的细节、质地,这两个牌子的衣服都有应该被珍惜的气场。而且 Lanvin 很有骨气的不出 it bag,这点我很欣赏。我平常穿的衣服很看重细节,有趣的而且质地是花心思的款式要比那些在廓形上玩噱头的更能吸引我。还有,颜色也要好搭配。我花这个钱,为的是买设计,而不是那些很没诚意乱丢 logo 的货色。在北京这个地方,也不适合穿得太花枝招展,但是又不甘心穿得很无聊,在款式实用的基础上,细节突出设计感应该算是最恰当的。

Q :什么东西你买多少还是永远嫌少?

A :鞋呗。有哪个女人的答案不是这个吗?

Q :你那么多衣服可挑着穿,你有选择恐惧症吗?

A :没有。而且经常想穿什么衣服,就找不到那件。这是不是就是著名的地狱法则?

没腿就露锁骨,没胸就露腰

Q :你去过这么多地方,哪里让你觉得是真正的购物天堂?

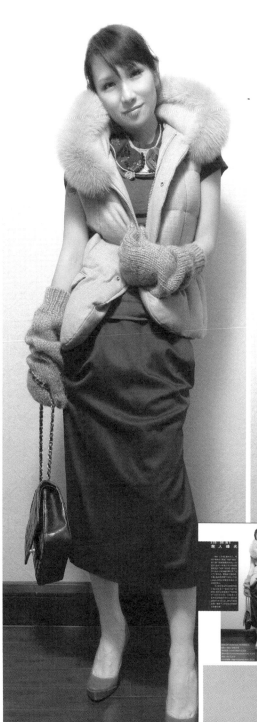

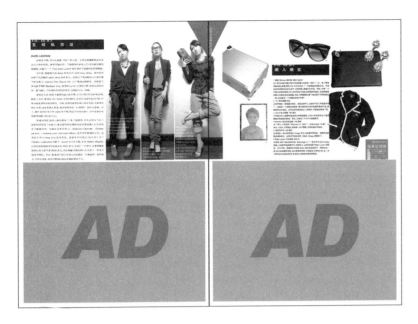

A：对像我这样比较"小只"的身材来说，还是东京。法国、伦敦也很好，但是那里的鞋，大部分都 36 码起跳，不是急死我嘛，而且，在东京大牌的货色更全，还有欧美大牌只在日本发售的货品。那里的旗舰店，我觉得都算是品牌博物馆级别的了。店与店之间不但有着完全不同的装修风格，而且每一座都相当别致，你完全能体会到逛街也心旷神怡的感觉。总之，我真正购物欲望大爆发是在东京。卡都刷爆了，简直是哭着就回来了。

Q：你衣橱里最多的单品是什么？

A：白衬衣和白色圆领 T-shirt。我是病态的白衬衫爱好者。其实，我很少穿，但是就是喜欢拼命买。这是潜意识里的"写字楼文员"暗示吗？而且，我觉得如果你真是一个朝九晚五的上班族，你一定要有一件好的白衬衫。根据我的经验，去年买了很多 3.1Philip Lim 和 Chloe 的白衬衫，然后返回头再买 Jil Sander，真的觉得不能比，从版型和质量上来说，后者永远是最顶尖的，就是那种过了 10 年拿出来穿，依然觉得一点都不过时的经典款。

Q：那你穿衣服有禁忌吗？

A：讨厌亮片，讨厌奇怪的花边，讨厌杂乱的颜色。我的禁忌是：绝对不要把自己打扮成一棵圣诞树。可以戴很 bling bling 的首饰，但身上，还是让它干净点。还有，没腿就露锁骨，没胸就露腰，总之，要聪明地藏拙。

Q：你有最后悔的消费吗？

A：一条 Kenzo 的裙子，一次没穿过。而且，迅速地在淘宝看见 A 货了。后悔这件事吧，主要是看当时的状态，逛晕了的时候就会胡买一气。那条裙子就是当时不知道怎么想的，回家以后穿起来怎么看怎么像条花菜虫，

肯定是当时脑子坏了，完全不知道为什么要买。 当然，作为一个精明的消费者，现在这种情形越来越少出现了。

支招私房话

如果去巴黎，可以去逛逛"四区"的小店。这里会隐藏着很多未来设计之星的东西。很有可能你花一个很便宜的价钱，过几年后就会翻倍地增值。可能下一个"Yves Saint Laurent"就在那些不起眼的店面里躺着。

在伦敦，我最爱的是 liberty 百货公司，还有 dove street。保玲姐开的那个五层楼的 select shop 就在那儿。四层以下卖的都是川久保玲旗下的品牌，从 Comme Des Garcon 到十几个复线品牌都有。四层是个类似连卡佛的 Boutique shop，能找到 Lanvin 之类的大牌，然后五层是别具一格的餐厅，不但卖的东西特别有型，店铺设计也一样酷。

要是在北京，就是大家都知道的连卡佛，也可以等打折的时候去啊，都是三五折，像 Dris Von Noten 这样的牌子，在新年或者圣诞的时候，价格也能变得特别有亲和力。当然，动物园批发市场也有好东西，但是得先做好功课，或者有熟人带着，除非你想体会"大海捞针"是什么滋味。对了，建外 SOHO 地下的 shine 也不错，很适合年轻的潮人，买手选择的东西都特别酷，也比较小众。

香港这两年去的人越来越多了，除了铜锣湾、中环这种在八卦小报里拍得恶俗了的地方，像安蓝街和百德新街这样香港潮人必去的也是不能错过的。所以，香港对于我们来说也应该算是一个最值得一逛的地方，不但东西多，而且价格相比较起来真的便宜不少。

实用白衫 摩登简搭

　　每个女人都有一个白衬衣情结——从学生时代到步入职场，它撑起了整洁乖巧的表面文章。而今白衬衣已经不只停留在中规中矩的制服和套装里面，它巧妙的点睛搭配让时尚看点在简洁中无限升华。百变多样的穿搭法是你成为衬衫一族时尚 Icon 的必修课，一件普通的白衬衫，硬朗、柔美、俏皮、知性和狂野的百变面孔，焕发不同夺目光彩。

学院风情

俏皮味道

温柔褶皱

干练职场

摇滚风范

优雅知性

活泼制服

实用白衫 摩登简搭

撰文 / 孙玲

每个女人都有一个白衬衣情结——从学生时代到步入职场，它撑起了整洁乖巧的表面文章。而今白衬衣已经不只停留在中规中矩的制服和套装里面，它巧妙的点睛搭配让时尚看点在简洁中无限升华。百变多样的穿搭法是你成为衬衫一族时尚 Icon 的必修课，一件普通的白衬衫，硬朗、柔美、俏皮、知性和狂野的百变面孔，焕发不同夺目光彩。

俏皮味道

最受欧美明星和时尚达人们追捧的铅笔裤，自然也是白衬衣的好拍档。简单的一件基本款衬衣，随意而利落，而且可以适合各种年龄穿着。如果胯比较纤细，可以把衬衣掖进腰带，也可以选择 Agyness 常穿的那种宽松长款，叠穿之后会更加古灵精怪。如果要更加潮味，就一定要穿上亮色高跟鞋。

学院风情

条纹已经成为了当今时尚常青树，在每一季都能兴风作浪。条纹开衫内搭白色衬衣和条纹领带，在轻松活跃的同时，还能够搭出点英伦学院风。质感良好的宽松西装九分裤，给条纹和白衬衣晕染上了雅皮士般的个性，简单中性。无论是喜欢男孩子气，还是喜欢办公室里的小性感，都可以轻松达标。

温柔褶皱

极具视线聚合力的领部荷叶边褶皱，增加了体积感和蓬松感，比较适合娇小清瘦的女人，带来丰满效果的同时，也透出温柔甜美。搭配这样款式的衬衣，一定要充分展露领部和前襟细节，可以搭配简单的开衫或者外套。在选择的颜色、款式上也要干净利落，免得褶皱、花边过多，或者弄得天女散花一般。

干练职场

白衬衫搭配马甲，本是很经典的绅士搭配，却带来了女性独特的干练。修身的小马甲用自己的"深 V"和收腰的剪裁将身材修饰得很好，紧身的简裙更显女人味。这样搭配的时候，记得一定要挑选合适的衬衣的马甲，它的妙用就在于能够不声不响地优化你的腰部曲线，既起到层次的点缀作用又是你掩饰小肚腩的好搭档。

摇滚风范

作风硬派的机车夹克是春季的百搭良品，充满了摇滚的味道，本季雪纺 + 机车夹克更是流行大热的搭配。而简单的白衬衣也绝对不会输给雪纺。白雪一般的颜色清纯不失天真，不会让你过于"野性"、随意系上的衣角、不经意露出的袖边，无论是搭配短裤，或是硬朗仔裤都一样活泼帅气。

优雅知性

白衬衣增添了知性的味道，让性感的低胸连衣裙也能够在白天穿进办公室。看来白衬衣不仅仅能搭配半裙和背带裙，还能让连衣裙、小礼服质感再造！如果晚上恰好要直接奔赴晚会，这样穿着真是太方便讨巧啦。贴合的胸部裁剪将白衬衫很好地包裹勾勒出曲线美感，黑与白的色彩对撞、硬与柔的巧妙结合，让你成为整场的焦点。

老王评报

将一件看似普通的白衬衫通过巧妙配搭，瞬间提升服装搭配的整体时尚度。白衬衫是所有白领女性的必备单品，简洁的设计、贴身的线条成为职正装的百搭法宝。然而白衬衫 + 西装的陈旧穿衣方式已经成为过去。如何能让一件简单的白衬衫在巧妙配搭后提升整体时尚度，一改往日朴素的面貌成为众多职场女性所期待的新话题。

GENTLEMAN

白衣绅士的清爽春日

撰文 / 王苗

或许是厌倦了每逢春夏的色彩亮相，白色成为了当下最受时尚男士瞩目的潮流标签。别担心，不是要你穿得如同白马王子一般整身刷白，而是让白色在搭配中扮演最重要的角色。你可以在一整身白色西装里搭配一件亮彩印花的衬衫，给白色长裤搭配上纯色上衣；或者把白色跟米白、水洗白、灰白一起搭配出白色系的层次感。总之，这一季的白色搭配不追求全身白，而是要一种整体的白色印象。

黑白配，经典组合
也能穿出时髦感

着装要点 黑白条纹针织开衫、白色绑带衬衫、白色短裤

评头论足 黑白配的经典组合人人都晓得，怎样将它穿出时髦感才是时尚男士需要考虑的。圆领的黑白条纹针织开衫是型格男士的必备，里面搭配一件有交错绑带设计的白衬衫，通过细节来增加服装的层次感，下面搭配白色短裤，切忌再系上一条黑腰带，那会把你的身体从视觉上拦腰截断，五五等分。

小块色彩
点亮大面积白色

着装要点 白色夹克、黑色短裤

评头论足 看上去大面积的白色夹克其实暗藏"玄机"，领子和衣襟的内侧其实拼接了黑色和红色，你只需打开衣襟，这些小块色彩便会起到灵动的点缀效果。里面搭配黑白细条纹 T 恤，不影响整体的白色，反而令搭配更具看点。

色块点缀
丰富单调白色

着装要点 白色帽衫、黄色针织衫、深蓝色条纹短裤

评头论足 宽松款式的白色帽衫虽然在廓形和细节上都有设计感，但白色本身会淹没掉很多看点，为了避免上身的单调，可以在里面叠穿一件彩色长袖衫，或者在外面随意披件彩色针织衫，形成类似围巾的视觉效果也不错。下身搭配深色系条纹短裤，轻松随意，亦令整身色彩不至于太轻飘。

穿件白色麻质衬衫
到海边漫步吧

实用指数 白色麻质衬衫、条纹背心、紫色休闲裤

评头论足 松垮柔软的白色麻质衬衫最适合穿着去海边，敞开衣襟迎着徐徐海风，透着说不出的惬意与自在。里面搭配黑白条纹的针织背心，更添度假气息，再随意搭条长丝巾，愈发飘逸随性。宽松紫色长裤契合着整身的舒适感，搭配白色宽绑带设计凉鞋，更添时髦感。

彩色上衣 + 白色长裤
搭配出的色彩拼接

着装要点 黄色针织衫、白色长裤

评头论足 白色长裤跟任何色彩搭配到一起都没有问题，你要做的功课就是选择适合自己的纯彩色上衣，如此搭配

可以在视觉上形成一个整身的色彩拼接,明快清爽,给人非常清新利落的印象。领口位置可以出现上衣同色或白色系的小面积点缀,如再加入其他色彩,会显凌乱,而且破坏了整体的拼接效果。

花样衬衫
打破全白僵局

着装要点　白色西装、白色西裤、深色印花衬衫

评头论足　看看这一季 Gucci 的男装秀你就知道,其实白衣白裤也可以穿得很时髦,关键在于衬衫的选择,在全身白色中穿一件色彩出挑的印花衬衫,令搭配立刻鲜活起来,再戴条深色的领带,更能增大与白色外服的反差,让里面的搭配更出挑抢眼。

牛仔也玩白色游戏

着装要点　白色水洗牛仔外套、白色牛仔裤

评头论足　今季连牛仔也没能摆脱白色的魔咒,要么干脆是纯白色的牛仔装,要么就算还想留点牛仔色,也得洗得发白才算潮流。镶了白边的蓝色格子衬衫搭配白色牛仔裤,很自然地形成色彩的分界,不需要再搭配腰带,如果一定要配,白色腰带是最佳选择。

白色皮质衬衫
干脆当外套穿吧

着装要点　白色皮质衬衫、土黄色针织衫、深蓝色牛仔裤

评头论足　设计师们似乎在这一季对衬衫产生了浓厚的兴趣,不仅把西装、衬衫合二为一,甚至将柔软的羊皮也运用到了衬衫上。只不过,皮质衬衫贴身穿着恐怕影响舒适度,不妨敞开穿着,并在里面搭配一件亮色 T 恤,绝对时髦。

老王评报

对于周一男刊的男装时装片来说,如何在一片娘娘腔的男装杂志中突出重围,是一件非常重要又非常困难的事。一方面是现在的男模们都长得一个赛一个的"小白脸",另一方面是现在市面上能借到的大品牌衣服大多都是柔美风。

而在这一组男装时装片里,我们能看到俊朗成熟的绅士风,搭配的水准同样叫人称赞,图片光影的运用让人仿佛置身明媚的阳光下。而这一组片子里,凝结了编辑多少的心血和奔波,当然就不用多说啦!

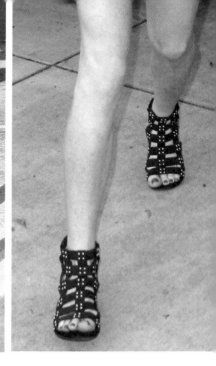

酷鞋变阵
一眼揪出生力军

撰文 / 祁首杨

角斗士凉鞋由粗犷变妖冶，恨天高鞋跟的加粗让性感不再只归维多利亚独霸，艺术化设计从嘻皮笑脸的搞怪变成冰冷面孔的建筑廓型……那些脚底下踩着的酷点子去年满城风靡，到本季，它们仍然散发着无穷的生命力，但细节之处的面貌却焕然一新。它们的升级版是否仍能经得起潮流的推敲？ It Girl 们的现身说法是否对于你来说也同样适用？ 每一季时尚的关键词都在微妙地变化，面对同一派别里的"菜鸟"和"老将"，我们将教你辨别谁是这一季潮流的生力军。

角斗士凉鞋
用冶艳修正粗狂

Gladiator sandals

角斗士凉鞋的肆虐简直是猖狂的，连续两季春夏都扮演着独裁者的角色统治脚下的帝国。去年它从 D&G 的秀场暴走着亮相，几乎是原封不动地还原古罗马竞技场上的粗犷，男女老少都玩起了阳刚。而这一季，它怕是只能为看台上的妖后卖命了，无论是四寸以上的鞋跟，还是 SM 式的绑带，都在用强势的冶艳修正着去年的随意不羁。你

瞧，不是只有鞋跟增高，连"角斗女"的气场都已经灼到方圆5里以外。

关键词：平跟、复古、Casual
关键词：高跟、金属扣袢、拉锁、多绑带
你应该这么做——

黑色最正点。希腊式的女祭司连身短裙、铅笔牛仔裤、Legging，几乎没有任何一款潮货与它相斥。"黑眼豆豆"的 Fergie 更喜欢大红色，但需要你的肤色极致的黑白，否则多半会显脏。

绑带越多越好。当然，只要你搭配的不是阔腿裤。包裹漆皮 Legging 能让双腿更修长。如果你是不折不扣的骨肉皮，那么更加正中下怀。

高腰款式。鞋梆包裹上脚踝的那种本季最潮。对，可能它看起来更像一个镂空的矮靴。

四寸以上的鞋跟。切忌必不可少，除了本身带有挑逗的趣味，确实很大程度上拉伸了比例。要知道上一季的平底鞋可不是任何一个亚洲女孩都适合的。

恐怕它和丝袜不对路。丝袜看起来更风情、妩媚；而无论角斗士凉鞋如何变化，它的精髓气质还是酷、硬朗、强势、摇滚的。谁看见过埃及艳后或者 Patti Smith 穿过丝袜？

艺术鞋跟
踏上个移动的建筑

Art design

是呀，是呀，时装不再只是时装了。谁都知道这个"贱货"从上两季就和艺术搞在了一起。倒不是说"她"从此就变得有多高雅了，但形式至上无疑更加突出了个人的存在感。

过去，艺术鞋跟就设计上来说更加感性，搞怪的气质更像出自一个疯疯癫癫的怪才之手。而这一季，这帮疯子集体变成了理性的建筑设计师，强调几何轮廓，每一笔都很平竖直，看起来像个鸟笼？像个锯齿？哦，你也不能否认，这个春夏它好像义正词严地正经起来。

关键词：趣味、俏皮
搞怪关键词：几何、冷调、建筑感
你应该这么做——

选择单色。我们得承认，这样怪里怪气的玩艺儿并不好穿。所以，既然造型本身已经这么生猛了，你就无需再在色彩上用力过猛。

不光只有鞋跟"艺术"。整体性是必须强调的一点，除了鞋跟，扣袢、鞋面的设计整体划一也是本季的特色。

舒适第一。很多设计当然表面看上去非常蛊惑人心，

但是对于今年鞋跟普遍增高的现象，你还是应该先考虑脚背骨和脚踝的承受力。毕竟对于这样的鞋子，再"理性"的设计也还是实用性更加薄弱。

材质把关要严格。坚硬的材质哪怕只穿一小会儿都会毁了你的脚，但偏偏具有建筑感的设计多是以这样的材质诠释立体、轮廓、骨架。所以，当你选择这种款式的时候，至少要注意三个地方：鞋底（不要太光滑否则力道都会集中到脚趾）、脚脖（曲线是否够人性化）、脚尖（不要过硬）。

圆柱鞋跟
你要知道不是人人都是贝嫂！

Taper Heels

年初的颁奖典礼上，维多利亚穿了一双无跟儿的 Antonio Berardi，足有 12 厘米高，她颤颤巍巍地扶着贝克汉姆，脸上仍一副趾高气昂。紧跟着四寸半的针形跟 Marc Jacobs 又相继出现在她、Kate Moss、Jennifer Lopez 的脚上。这种水台底加细高跟儿的设计虽然穿起来确实傲人，但，拜托！朝九晚五的你我永远不能修炼成"维多利亚牌超人"。可我们也不甘于平凡，还好设计师们也不永远都是毁人不倦的禽兽，这一季粗根的水台底高跟鞋就足够体恤人心。

关键词：针形跟、哥特、四寸半
关键词：粗跟、高贵、简约

你应该这么做——

水台前掌正当红。尽管鞋跟考虑到实用功能，变化出更贴心的设计，但前掌的水台设计却在无限地蔓延到各个品牌。除了满足女人无限增高的贪婪，这样的款式也确实顺应了这两年复古的潮流，让鞋底和根部形成了完美的流线。

柱状鞋跟。近两年，大部分粗跟更倾向于锥形设计，但实际上这种款式并不稳固。在 Marni、MiuMiu、Yvea Saint Laurent、Costume National 的春夏秀上，你能看见几乎上下一致的柱状粗根，走起路来相当稳固。

简洁是王道。繁乱的细节只能让粗跟看起来蠢笨，单一色块和几何形的结构比例，让它看起来更干练、优雅。整体风格也会比较统一。

脚踝系带显纤细。如果裸足穿着，横扣袢的细带便能让脚踝看起来更纤细，同时，也会油然而生 40 年代那种典雅端庄的性感。

木质材料满足柔美装扮。对于不够"拽"的女人，天然材质无疑是对其自身气质的最好诠释。这种颇具田园气质的设计已经取代之前绳操编织的坡跟鞋，成为碎花裙最好的搭档了。

强势至上　女王驾到

撰文 / 李苑

　　麦当娜在世界巡回演唱会上，已经 50 多岁的她依然穿着性感，她全身如机械战警般的肌肉再一次展现在全世界人民的面前。据说，她健硕的肱二头肌是八成美国女人的心中所向。当然，身体强健不是女人追逐的终极目标，强壮又弱智的，只能归类于母马或者母牛，然而像她一样无论头脑、身材、外表，还是型格、做派、气场，样样都足够强势的女人已经成为当今"最楷模"、最潮流的女性形象。而时尚界似乎也有意呼应这股强势潮流，今年以来，拥有高耸、硬朗肩线的服装好像是给强势女人们武装的铠甲，再加上女人自身那股无以复加的自信，一眼看去，盛气凌人——果真是，女王驾到了！

她们的"强势之道"

　　1.Mischa Barton 的身上有种混合的气质：既有英国式的优雅、冷漠，又兼备美国式的随意与亲切。不过最近，她体内叛逆的一面似乎更加突出。从服装上看，冷色系占领天下，而硬朗强势的着装风格也代替了她之前标志性的淑女范儿。据报道，她最近已被送入洛杉矶一家医院接受精神状况观察，原因是经济状况出问题，而且也找不到爱情，所以她近期跟好友泡夜店的时候，又是吸粉状毒品，又是将毒品混在酒里喝，以此来逃避现实，有自杀倾向。

　　2. 有"英国天才女歌手"之称的 Lily Allen 已经再也不是出道早期的那个小甜妞了，当初有人把她看做是小甜甜的接班人，但是现在，风格突出的她早已明确了自己的定位。作为英国喜剧演员 Keith Allen 的女儿，和众多的音乐媒体眼中下一位最有实力的英国女歌手，能够熟练运用不同音乐元素的 Lily Allen 当然有底气让自己从内到外都变得更强势。

　　3.Gwyneth Paltrow 的样貌并不出众，但她举止高雅、充满自信，寡言少语却心思缜密，良好的教养和独特的气质使她独具魅力，一直以来都被视为"优雅"、"温婉"的代名词。不过，最近，不知道是不是因为连续出演《钢铁侠》的缘故，她的日常穿着也变得越来越中性、随意，大举利用破洞牛仔裤、健朗肩线的服装，强势感火速提升。

　　4.《变形金刚》女一号 Megan Fox 在戏里可算是一等一的性感大花瓶，除了展示身体线条以外，就是跟着男主角一起跑步。不过戏外，她可不是这种有身体没脑袋的花瓶样。虽然她已经成功超越安吉丽娜·茱莉成为最性感女演员，但是平日里，却是毫不避讳、快人快语的爽朗性格。她其实很男人派，喜欢和男人混在一起，身边的男性朋友也不少，她常说，她不过是一个爷们儿的灵魂放到了女人的身体里。

女超人正当红

　　女人 VS 女强人，仅一字之差，对于女人和男人来说行情却大大不同。在张爱玲《倾城之恋》里，流苏道："我什么都不会，我是顶无用的人。"柳原笑道："无用的女人是最最厉害的女人。"柳原看似说笑，但短短 13 个字，倒真是精辟得一针见血。才女张爱玲对于男女之间的那点小心思是再明白不过的了，对男人来说，他们期待的是无用的小女人。时值今日，强势女性越来越多，而社会看待"强势女人"的时候隐约还透着那么一丝不坦荡。也许就像电影所讲的那样，超人爱上的，永远是那个总被坏人绑架到摩天大楼楼顶，然后被推下来、尖叫着、挣扎着、等待他从远方飞过来接住的露易丝；而不会是同样会飞、同样有神秘超能力的女超人——但无论怎样，真性情的女人想必都不会放弃自己去飞的能力和希望，成为女超人的好处是，永远不用担心被坏人推下楼时会摔死——这世界诱惑这么多，谁保准男超人们不会在你从楼上下坠的时候，正在

和另一个"露易丝"谈情说爱？ 所以，这一个个现实版的"女超人"才如此受到女人追捧。比如安吉丽娜·茱莉，就算全世界都在预测她和皮特的爱情会玩完，但是对她这样特立独行的女人来说，So What；大 S 虽然外表一副柔弱相，但她的行为做派却一再证明她是一个绝对偏执、强势的、支配欲极强的女人；当然了，大姐大王菲的强势就不用多言了，很多人已经把她视为中国版的麦当娜。除此之外，连电影也开始呼唤强势女人，《钢铁侠 2》里，连一向号称新一代梦露的斯嘉丽·约翰逊都一改往日的美艳，变成了充满力量的"黑寡妇"。So,不强势的女人，显然已经 Out 了。

力量型
肌肉就是自信

麦姐和 Pink 虽然在歌坛的地位不可相提并论，但是，看她们的造型，你一定能找到不少相似之处，除了日常造型的中性风之外，在表演的时候，也极力展示着属于女人的力量美，让不少大男人也见识了一把令他们汗颜的女人的肌肉。这些线条流畅的肌肉，就像是男人突出的喉结，那是一种力量和自信的象征。

出位型
搏出特立独行的天下

你能在 Rihanna 和 Lady Gaga 身上找到这段时间最热门、最先锋的各种时尚元素，两人虽然风格上有差异，但是殊途同归地都选择了"出位"这条路。或许，属于她们的强势形象，已经能用彪悍来形容。应该说，只有一个内心足够自信和强势的女人，才能外化出如此的造型，不信的话，问问自己，你有这样标新立异的自信和气势吗？

酷冷型
女王总是高高在上

你在狗仔队倾力奉献的一张张明星街拍照片里，一定很难捕捉到她们的笑容，不管是 Kate Moss 还是 Victoria Beckham，你都能看到她们总是一副趾高气扬、拒世界于千里之外的表情。虽然她们不突显女人身体上的肌肉，也很少用令人愕然的装束博眼球，但是，那种女王一般的派头和气场却树立了独树一帜的风格，足够强势，也足够有距离感。

精灵乍现
闪烁着斑斓的微光
神秘之境
每秒都有不可思议的偶遇

穿过摄氏零度的严寒
以梦为梯
踏着缤纷花瓣
到春天的最深处

爱丽丝与精灵共舞
鲜花在身上盛开
娇艳过最梦幻的仙境

迷雾萦绕着繁茂的枝叶
纯洁的爱丽丝
在丛林里历险

珠宝心计
JEWELLERY

职场高管的最佳
Jewellery Icon

撰文 / 李苑

最近，美国媒体上刊出了由职场人士评选的最具魅力女性排行，米歇尔·奥巴马位列榜首。你丝毫不用奇怪，为什么安吉丽娜·茱莉和占赛尔·邦臣那样的大美女会被甩在后面？很简单，想象一下办公室里如果出现那样的女人后果如何，答案就不言自明了。米歇尔·奥巴马也许没有相貌和身材优势，但是，她的时尚品位、对服装和珠宝轻松驾驭的能力却让人折服。她的身材、年龄、地位、品位让全球的中产阶级女性找到了更具参考价值的新偶像，而职场里的女性高管们，也终于迎来了一位真正值得效仿的 Jewellery Icon。

为什么钻石能让你看上去就比"她们"强？

要镇得住场至少得有一件钻饰

还记得《色·戒》里，女人围在一起比钻戒大小的场景吗？职场上的女人们也不例外，一件镇得住场面的钻石首饰，不但能让你在同级别的女人里信心十足，而且能让你享受下属们的赞美和羡慕——没错！强势女人，就是要选择最强势的宝石。

钻石的光芒就像你要的干练——毫不拖泥带水

钻石之所以适合职场，还因为它的光芒最干脆、最直接，从来都不拖泥带水，也丝毫没有阴柔、温和的观感，这不正是你想要给自己塑造的职业形象吗？

谈判桌上的利器

没人说戴钻石上谈判桌一定会赢，但不能否认，个性十足的钻戒或者项链不但是你个人形象的加分点，而且能帮你聚集客户的目光。钻石女人是自信的、讲究品质的、追求完美的，这样的女人自然是商战中的赢家。

为什么你需要一条珍珠项链？

从杰奎琳开始所有第一夫人的选择

杰奎琳奠定了美国第一夫人的时尚地位，从她开始，及膝裙和珍珠项链几乎成为第一夫人们制服式的标准 look。现在轮到米歇尔·奥巴马，自然也少不了珍珠项链。珍珠的高贵是任何珠宝不可比拟的，第一夫人首选珍珠项链，高管女人们自然也不可或缺。

场合适应性超强

无论是国事活动、慈善活动、电视访谈……你几乎都能看见米歇尔·奥巴马佩戴珍珠项链——这种超强的场合适应性非常适合忙碌的高管女人们，白天的那条珍珠项链你完全能戴着它直接参加晚上的商务宴会。

没有比熟女更适合戴珍珠的了

二十多的女孩戴珍珠会显得老气，而高管女人们却恰恰相反，珍珠是很挑剔的珠宝，只有内蕴深厚、经历了时光沉淀的女人才能衬出它的气韵。

服装百搭

镜头之下米歇尔·奥巴马那条罕见的大颗粒珍珠项

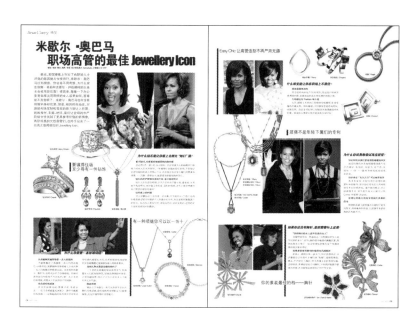

链，曾经被她用来搭配过 10 数套服装，足见珍珠项链的百搭能力。

Easy Chic让高管造型不再严肃无趣

什么珠宝能让你在职场上不落伍?

简洁是最高准则

简洁是时尚永远不灭的准则，简洁设计的珠宝充满现代感，是最适合职场日常环境的珠宝门类。

几何感让你 Fashion 味十足

近年，服装上大热的几何感和立体廓型，在珠宝圈也大量运用。相对服装，几何感珠宝更容易驾驭，也更实用。你完全可以用几何珠宝来高调展现时尚态度。谁说办公室里只有年轻女孩主导时尚?

层搭不是年轻下属们的专利

为什么你该勇敢尝试珠宝层搭?

你比年轻女孩们更能驾驭重量级珠宝珠宝层搭后的华丽感需要强势气场才托得住，有地位、有能力、有气质、有阅历——你——最有资格驾驭高级珠宝的美。

你的珠宝"宝贝儿们"可以物尽其用有没有发现，年轻女孩们层搭的都是时尚类配饰，而你却已经有实力用高

级珠宝来玩层搭游戏。毫不避讳地说，你应该骄傲才对，并不是所有女人都可以用 Cartier 来层搭 Chanel。

层搭让你最大程度享受她们羡慕的目光

层搭既保留了视觉重点又增加了装饰的层次，那种奢华和张扬，让你想不享受艳羡的目光都不行。

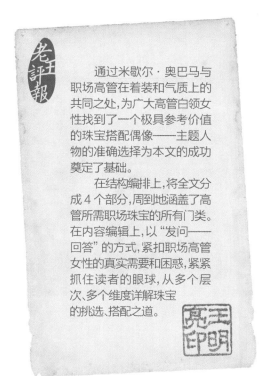

通过米歇尔·奥巴马与职场高管在着装和气质上的共同之处，为广大高管白领女性找到了一个极具参考价值的珠宝搭配偶像——主题人物的准确选择为本文的成功奠定了基础。

在结构编排上，将全文分成 4 个部分，周到地涵盖了高管所需职场珠宝的所有门类。在内容编辑上，以"发问——回答"的方式，紧扣职场高管女性的真实需要和困惑，紧紧抓住读者的眼球，从多个层次，多个维度详解珠宝的挑选、搭配之道。

一件宝贝 搞定

撰文 / 胡洁 肖蓉蓉

DAY&NIGHT

身着迷你裙、短袖丝质衬衫的俏女郎们已经悄悄成为春日街头一道美丽的风景。天真的暖了,一颗年轻的心蠢蠢欲动,身体中的每个细胞似乎都活跃起来!白天的 Office 中 OL 们窃窃私语,计划着夜晚的热舞派对将以怎样的华丽炫酷架势登场!可上了一天班,哪里还有时间再回家梳妆打扮,此时此刻就需要一件特别的"宝贝"来帮你应对 Day&Night 的各种场合,它可以或长或短地随意变幻、也可以在流转间散发幽幽的光芒,更可以将你从白昼的女神蜕变成夜晚的皇后,这就是一条能够自由变幻的项链!

身着迷你裙、短袖丝质衬衫的俏女郎们已经悄悄成为春日街头丽的风景。天真的暖了,一颗年轻的心蠢蠢欲动,身体中的每个细胞心活跃起来!白天的 Office 中 OL 们窃窃私语,计划着夜晚的热舞派怎样的华丽炫酷架势登场!可上了一天班,哪里还有时间再回家梳妆此时此刻就需要一件特别的"宝贝"来帮你应对 Day&Night 的各种场可以或长或短地随意变幻、也可以在流转间散发幽幽的光芒,更可以白昼的女神蜕变成夜晚的皇后,这就是一条能够自由变幻的项链!

Night party animal

Dancing Queen Night

入选宝贝的两个条件

条件 1：长短可"变"

一条随意长短变化的项链是搞定白日 & 夜晚两面娇娃不可缺少的宝贝！

条件 2：亮暗可"调"

白天要内敛优雅，夜晚性感打眼。水晶或琉璃材质的配饰一定不可或缺，它是最能根据环境变化亮度的好东东。

长短变幻 聚焦俏脸庞

白天，你可以是干练优雅的办公室女郎，一条长长的珍珠项链便将你的气质映衬得非常到位；夜晚，依旧是这条看似平凡的珍珠项链，却缠绕出了另一个狂野奔放的你。看，舞池中央的你，俊俏的脸庞在灯光鬓影中是那么迷人。

气质高雅温柔娴静的 Day 办公室女郎

拥有珍珠吊饰的项链，白天垂在胸前，优雅高贵；夜晚，将其缠绕数圈后佩戴在领口位置，珠贝的光芒绽放出意蕴十足的女人味。

神奇变幻术

由长变短，让众人目光锁定上半身。

白天，静静躺在衬衫外的它是一条能够拉长身体线条的装饰链，是为整体配搭点睛的元素；而夜晚，将长链绕上三四圈，变为一条彻彻底底的颈链，通过长短的改变，将别人的视觉焦点一下子提升到了颈部和脸部的位置，为美颈锦上添花。

什么人最 Match

1. 最爱以衬衫或套装 Look 示人的 OL 女郎，无论链子置于衬衫领口内外，都相得益彰。

2. 气质相对沉稳、优雅，但骨子里有些闷骚的熟女更适合选择有设计感且长的链子。

选购提示

不要光秃秃的金属环链，金属上应有细碎的装饰。不必有大且夸张的吊坠，但应有珍珠、琉璃或闪亮的小金属片。

集中闪度 让肌肤散发光芒

日常办公，不能过分招摇，否则别人很有可能会怀疑你来上班的目的；但当夜幕降临之际，谁还在乎这些，只要够 Shining 够招眼，才是王道。将所有闪亮集中到胸前，即使微弱的烛光，你都能艳压全场。

神奇变幻术

将吊坠提升到锁骨中间位置，把闪亮集中。

白天，闪亮的吊坠要么藏在套装里，要么在衬衫之上，无法绽放其所有的华彩，你能意识到的仅仅是：它就是一条链子而已；但当你将链子缩短，将闪亮的吊坠提升到下巴位置时，别人便会一下子注意到它折射灯光后投在你肌肤上的光泽，美得无与伦比。

什么人最 Match

1. 所有想拥有高品位、深厚搭配功力的美女都可尝试。

2. 不要以为只有个子高挑的人才适合长款大吊坠项链，矮个子美女们白天将链子藏在衬衣与套装之间，若隐若现的链子看上去就像是不经意的搭配，且完全不会将缺点放大。

选购提示

1. 可以选择造型独特的吊坠，例如金鱼、骨头等，当它们被提到颈链位置时会更加与众不同。

2. 组成吊坠的水晶不要选择大块的，细碎密实的款式最能从 360 度折射光线。

搭配师带你选单品

Hellen

作为专业时尚买手，常年奔走于欧洲各流行饰品的卖场，深知搭配之道，看看她是如何带我们选购这搞定 Day&Night 的宝贝吧！

神奇变幻术

1. 与服装的呼应有"一"就好

不要怕夸张的配饰不适合日常上班，往往看起来很"过分"的配饰在服装的帮衬下能收敛很多，别有一番味道。其实这件只要能与你身上的气质或服装元素中的一

点匹配就好。

2. 要闪耀首选细碎水晶

当选择闪亮吊坠时，由细碎水晶或琉璃组成为最佳，因为在灯光或烛光的照射下，它将呈现出星星点点的光，而非大片大片的光点，在白天也不会过于夸张。

3.3D 款式反射最到位

吊坠的造型最好是三维立体的，白天随身而动，夜晚从 360 度不同层面反射光线。

4. 为肌肤穿件"水晶衣"

如果选择大块的水晶或琉璃吊坠饰品，夜晚切记不要将其放在衣服上，一定要直接贴紧肌肤，这会让你更性感妩媚。

A 长短变幻型

长项链

能够垂到小腹的长度足以分散人们的视线，但当它缠绕颈间时，金色与黑色互衬，会让你妖娆万分。

套链

套链的款式，衬在西装或衬衫外都相当大方；夜晚时分，紧紧绕在脖颈上，本身的多层套链松松地垂在胸前，性感迷人。

玉石长链

别以为温润的玉石无法在夜晚发光，将它缠绕 3 圈于颈项，你会发现它的与众不同。

彩色长项链

圆圈造型层叠在一起后，圈圈错落有秩地映衬于锁骨之间，夜晚可搭配低领衬衫或吊带背心。

B 集中闪度型

①鱼型吊坠项链

当金色鱼型吊坠贴近下巴时，白色多棱反光面从不同角度折射出灯光，闪耀非凡。

②水晶项坠

细碎水晶组成的长款镂空吊坠透出温润光滑的颈部肌肤，适合圆脸美女佩戴。

③贝母水晶吊坠项链

虽然是大块圆盘贝母，但表面镶嵌的细碎多彩水晶为整条链子增色不少，更仿佛将你带入缤纷的水世界。

④仿水晶长链

白色、透明的多切面水晶最易将肤色映衬得靓丽通透。

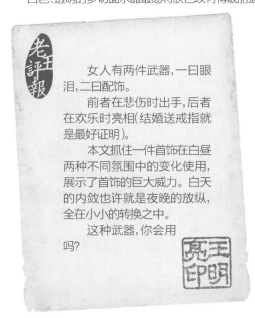

老王评报

女人有两件武器，一曰眼泪，二曰配饰。

前者在悲伤时出手，后者在欢乐时亮相(结婚送戒指就是最好证明)。

本文抓住一件首饰在白昼两种不同氛围中的变化使用，展示了首饰的巨大威力。白天的内敛也许就是夜晚的放纵，全在小小的转换之中。

这种武器，你会用吗？

王明亮印

4类材质配饰将黑衣穿出彩

撰文 / 肖蓉蓉 李苑 胡洁

黑色的永恒魅力无论经历多少时尚变迁也无法抹去,打开衣橱,看看这一季自己的服装多以什么颜色为主呢? 再端详一下,当你出席正式活动时,例如酒会、例如公司的盛大庆典、再例如客户答谢会时,你通常又会选择什么颜色的礼服或正装呢? 不错,是黑色! 黑色是秋冬季人们最爱的服装颜色,也是写字楼里 OL 们的热宠,它会让你看上去踏实稳重,而且黑色也是穿着起来最有安全感的颜色,无论什么场合,黑色服饰总不会出什么大错! 但是,它也有缺憾,正是这份稳重,让你看上去老气横秋;也正是这份安全感,让你古板得无法跳脱于众人之外。

水晶

传统印象:剔透、清新
颠覆气质:摇滚、狂野
皮草 + 大块水晶 + 金属链

水晶在人们固有的思维方式中已经是清新夺目的代名词,其实只要水晶石的颜色另类、款式设计足够狂野出位,想演绎摇滚丽人的风姿不是件难事。就算平时华丽高贵的皮草,此时都添加了许多野性的味道。

摇滚搭配小贴士:

1. 选择具备摇滚元素的水晶饰品

暗红色、紫色、黑白色、皇冠等都是摇滚味极浓的元素,如果想搭配出狂野的感觉,这些元素在配饰中的演绎必不可少。

2. 夸张不等于没重点

不是"傻大个"的饰品就是夸张另类。适度的夸张才能让自己更出众,否则全身哪里都是重点,就等于没重点。

适合出镜于:夜店或 PUB 的午夜狂欢

摇滚味十足的搭配在周末的狂欢派对上,在聚光灯下才最耀眼。

最 Match 人群:80 后、90 后的新生代;大胆、张扬、能接受新新事物的年轻人。

编辑推荐

黑桃 A 项链

黑桃 A 吊坠充满摇滚味道,非但不会让黑衣暗淡,相反会酷劲十足,最好与鸡心领或半露香肩的一字大领的款式搭配。

TIPS 水晶饰品可以洗吗?

1. 清水擦洗:可以将晶石放在水龙头下冲洗约 20 分钟即可,但要注意晶石以外的金属材质,如果在水晶周围有镶嵌等,就要选择用潮湿布擦拭的方法了。

2. 阳光消磁法:当水晶为天然晶石时,只要将晶石放于可被阳光直接照射的位置,例如窗台及露台等,照射 30 分钟至 1 小时即可。

银饰

传统印象:中性、低调
颠覆气质:娇滴女人味
光泽感面料 +925 银 + 其他材质

银饰给人粗狂张扬的感觉,并且种类繁多,算是最没

有性别之分的一类饰品材质,但当银被丝线缠绕后,你会发现,原本的不羁消失了,取而代之的是一种高雅悠扬的女人味。

适合出镜于:写字楼、办公间或重要会议中。

最 Match 人群:喜欢玩些小个性的 OL。

女人味搭配小贴士：

1. 全身搭配有重点,夸张个性银饰 1 个足矣。

2. 亮银色银饰搭配休闲装、正装均可。

3. 暗色银饰品不宜搭配正装。

故意作旧、或镀一层黑色金属彰显质感的银饰,不适合搭配正装,一是风格不搭调,再就是色彩过暗,起不到点睛的作用。

编辑推荐

银丝项链

银丝编织成的项链柔软却有型,不规则形状的镂空吊坠坠在胸前,唯美优雅。为了衬托这样的感觉,尽量要选择紧包颈部的黑衣款式。

TIPS 银饰品该如何保养?

我们最常见的变化就是纯银饰品越戴越黑,这是氧化所致,除去用化学的洗银水或洗银膏对付外,还可以用牙膏来擦拭,当然对于银饰外有镀层的饰品来说则不存在这样的问题。

宝石

传统印象:老气横秋
颠覆气质:温婉、知性
黑色娃娃衫 + 圆润造型宝石 + 齐头帘

提到碧玺,脑海中便跳出几个词汇:"古板、传统",的确,在很多人印象中,碧玺就是这样一块不起眼但却价值连城的石头。但当它与钻石镶嵌在一起时,你会发现,就连钻石都无法掩盖住它的光芒,那道光仿佛仙女的魔法,让你瞬间化身为 china doll。

最 Match 人群:长相具有亲和力的可爱美女。

碧玺给人的历史感与老气感,能通过佩戴者的气质加以衬托,能撞击出时尚、摩登之感。

芭比搭配小贴士：

1. 选择造型简单的碧玺

尽量选择款式简洁、大方的饰品,例如椭圆或是多切割面的碧玺。

2. 黑色服装选择可爱款

服装款式尽量选择带有泡泡袖、荷叶边、高腰线或塔裙的造型元素。

编辑推荐

碧玺耳环

五彩的璧玺不会让你看上去老气横秋,相反与K金搭配更多显示出时尚气质,零散的耳饰吊坠能打破脸形的硬朗线条。

TIPS 碧玺到底是什么?

碧玺其实就是一种宝石,它分为红色碧玺、绿色碧玺、蔚蓝碧玺、黑碧玺等 14 种,也是真正具有天然正能量的宝石。有杂色的碧玺较为普通,价格也相对较低,但碧玺精品拍价就很高,在国际市场上宝石级碧玺的价格一般是 2 万美金一克拉!

金饰

传统印象:俗气、张扬
颠覆气质:高雅、贵族气
黑色高领 + 金质拼接 + 淡雅妆容

金与黑的搭配也算是经典搭配之一,但在这一季,金不再孤单,它与红碧玉、马毛、皮绳甚至是鱼皮等拼接出形态各异的金饰品,让金色增添了几分谐趣,却丝毫没有减少金色的贵族气质。

最 Match 人群:所有人。

贵族气搭配小贴士:

1. 肤色暗黄回避金色耳坠

当金色与其他材质拼接时,部分黄色光泽已被弱化,倘若肤色偏黄的你还是不放心,那就回避金色耳饰吧,尽量将金色衬托在黑色服装之上。

2. 与金饰搭配的服装面料要讲究

黑色高领衫的面料尽量以羊绒、真丝或是精纺线之类为主,避免大棒针等粗线条毛衫,否则既掩盖住了金饰品,又无法凸显出贵族气质。

编辑推荐

银蓝色点缀在黄金之上 , 时尚感呼之欲出 , 稍具繁复的设计能将简单的黑色毛衫衬托出些许另类感。

TIPS 金饰保养要注意

1. 最后佩戴金饰品:化妆品、发胶等化学物质都会让金饰的表面失去光泽,所以尽量在收拾停当之后再佩戴金饰品。

2 . 金饰要单独收纳:切勿把金饰与其他金属一并佩戴或摆放,以免被其他金属侵入,表面产生斑点。

聚焦中国 把吉祥戴上身

撰文 / 胡洁 肖蓉蓉

提到"吉祥",每个人心中都会有一种共鸣,也许是关于春节那红红火火的喜庆气氛;也许是家家户户倒贴"福"字的欢乐场面;又或者是鞭炮声声辞旧迎新的愉快心情,总之,"吉祥"可以是幸福、可以是欢乐、可以是健康、可以是长寿,一切囊括着美好愿望的祝福,都是"吉祥"。

关于吉祥那些事

提到"吉祥"，每个人心中都会有一种共鸣，也许是关于春节那红红火火的喜庆气氛；也许是家家户户倒贴"福"字的欢乐场面；又或者是鞭炮声声辞旧迎新的愉快心情，总之，"吉祥"可以是幸福、可以是欢乐、可以是健康、可以是长寿，一切囊括着美好愿望的祝福，都是"吉祥"。

1."吉祥"就是好兆头

"吉祥"从字面拆分开，就是"吉利、祥和"，古人云，所谓"吉者，福善之事；祥者，嘉庆之征"。《说文》中说："吉，善也"；"祥，福也"。说白了，吉祥就是好兆头，就是凡事顺心、如意、美满。因此古往今来，没有人不追求吉祥。趋凶避害，人皆有此心。

2."吉祥"要靠载体传递

吉祥符号、吉祥物、吉祥图案甚至是吉祥首饰的诞生，其实就是人类创造出来的借以传达心声的道具。在中国，似乎没有人可以提出吉祥符号、吉祥图案等概念，他们看起来似乎很不起眼，但却无处不在，无人不用。吉祥对于中国人而言，就像水之于鱼，天空之于鸟，空气之于人。

3."吉祥"材质大曝光

在我国，一提到玉，人们心中便会产生一种莫名的亲切感，从古至今，我国用玉有着数千年的历史，"君子比德于玉"几乎成为大多数人修身养性的座右铭，玉材质之通灵，玉工艺之精湛，玉设计之绝妙，玉意境之深远，玉礼器之凝重，玉佩饰之纯正，这些都是玉与众不同的地方，也

成就了玉在人们心中寓意吉祥的地位。

翡翠最保值

俗话说"翡翠无价，黄金有价"。翡翠之所以无价，是因为每一块只能是这一块，如同一个人一样，不可能有完全一样的人，也不可能有完全一样的翡翠，因为它一旦雕坏就没有办法弥补了。因此，想拥有一块成色上乘的吉祥翡翠恐怕不是件容易事。

玛瑙性价比最高

玛瑙是拥有吉祥寓意的材质之一，相较翡翠，玛瑙的性价比要高出许多，不仅含量高，颜色丰富，更是佛教七宝之首，吉祥寓意不言自明。

除去天然宝石外，有些有机宝石材质因为本身祥和喜庆的色彩，也具备吉祥的寓意，例如红珊瑚、红琥珀、绿松石等。

方寸天地 赏百花植物寓意祥和

花卉千娇百媚的神态及别具一格的韵味，被雕琢在通灵的宝玉之上，繁华似锦，百花盛开，百福吉祥，方寸之间，却表达了人们追求和谐、美好生活的良好愿望。

花草各司其意

被用于表达吉祥的每种花形都代表着不同的美好祝愿。其中雕琢在首饰上最常见的花形是：梅兰竹菊"四君

咫尺距离观鸟兽
动物昭示吉祥

子"、国色天香的牡丹、质朴卓越的山茶花、纯洁清韵的荷花、娇滴诱人的桃花等。

1. 延年益寿挑菊花

每当提到菊花,总与九九双阳相叠的重阳分不开,因此菊花被赋予吉祥、长寿的寓意。

2. 提升智慧选荷花

荷花又称"花中仙子"、清纯高洁。中国传统文化中荷花代表吉祥如意,佛教中很多地方都用到荷花作为吉祥的象征。也有说荷花代表一种智慧的境界的提升。

3. 报喜梅花传捷报

中国传统名花,不仅风度清雅俊逸,更以冰肌玉骨、凌寒留香被喻为民族的精华。梅开百花之先,独天下而春,因此梅又常被民间作为传春报喜的吉祥象征。

4. 兰花升级财运

为"美好"、"高洁"、"纯朴"、"贤德"、"贤贞"、"俊雅"之类的象征,因为兰花品质高洁,又有"花中君子"之美称。在风水学中兰花被称之为"吉利之物",可寓意吉祥如意,聚财发福。

5. 竹子保佑职场高升

中国传统中,竹子象征着生命的弹力、长寿、幸福和精神真理。竹子笔直的线条和中空的结构本身就有极其深刻的象征含义。

6. 驱邪避凶戴桃花

古时候,桃花被赋予"辟邪"的作用,逢年过节,家家户户贴"桃符",后来,桃花便延伸为取个好意头,因盛开的桃花除寓意"花开富贵"外,"红桃"又与"鸿图"谐音,还有"大展鸿图"的寓意。

搭配诀窍

1. 花形配饰的装饰性很强,找到一点进行装饰即可,切忌"处处开花",纷乱惹眼未必是好事。

2. 虽然黑色花朵造型的配饰较为流行,但在"吉祥"的主题下,却有些不合时宜。可以选择红色、金色、绿色、蓝色等色彩。

3. 红色当仁不让的是最吉祥的色彩,但红色却不宜大面积出现在配饰之上,选购点缀一些红色的即可。肤色偏暗的女生可以选择在戒指或手镯上出现红色花朵,总之尽

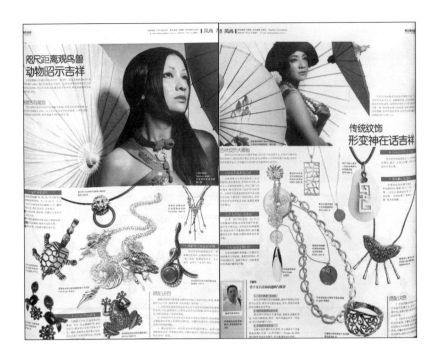

量选择远离脸部。

咫尺距离 观鸟兽动物昭示吉祥

历届备受瞩目的盛会都有自己的"吉祥物",亚运会有熊猫盼盼、世界杯有狮子 Goleo、我们的盛会也不例外。这些吉祥物虽然带有自己国家的特征及色彩,但它们所表达的意思却不尽相同,那就是希望借此能带来吉祥、好运。

瑞兽各有寓意

对于动物衍生出的吉祥首饰数不胜数,有常见的翡翠貔貅,也有罕见的玛瑙狮头扣环。无论是名在史册的四大瑞兽,还是民间流传有灵性的吉祥动物,都诠释着不同的吉祥含义。

1. 瑞兽庇佑众生

四灵兽,是指麟、凤、龟、龙,传说具有神性,故能带来吉利祥和。古人在《礼记·礼运篇》对"四灵"的神性还有过解释,认为"麟体信厚,凤知治乱,龟兆吉凶恶,龙能变化"。

龙可以挡灾煞,减祸害,有镇宅兴家的作用,福泽庇佑众生;凤多比喻夫妻相亲相爱或祝人婚姻美满;麒麟是消灾解难,催财升迁的吉兽;龟象征长寿,玉龟更可镇宅保平安。

2. 民间祥兽福满多

仙鹤象征长寿,孔雀是美丽的象征。此外,还有貔貅招财、象招好运气、鲤鱼预示衣食不愁年年有余。喜鹊、鹿和燕子等也象征吉祥。不过也有一些民间的说法,有说猫和蝴蝶也象征长寿。

3. 珠联璧合寓意更深刻

有些动物和植物联合在一起来象征吉祥的,如喜鹊和梅花合成"喜上眉梢"寓意喜事多多,"金玉满堂"是来之于金鱼和海棠。

搭配诀窍

佩戴动物珠宝最需要注意的是明确它本身的设计风格,需要做到个人气质、服装风格、珠宝风格三者的统一。

1. 长相清纯甜美的年轻女性比较不适合太张扬的虎或者蛇形首饰,可以选择燕子、小鱼等造型的首饰佩戴,既符合性格特点,同时还具备了吉祥的寓意。

2. 动物形的玉石首饰往往本身的色彩比较抢眼,因此需要注意服装和首饰主色调的协调呼应。且建议选择设计、色彩都相对简洁的服装搭配。

3. 建议全身只以一种动物造型首饰为配饰重点。如果还要搭配其他首饰,不要超过两件,注意分清主次,同时保持首饰风格和主色的一致性。

传统纹饰 形变神在话吉祥

吉祥纹饰是最常见的首饰装饰方法之一,这些纹饰或朴实无华、或精雕细琢、或简练或复杂，经过不同的演绎，虽然形状多多少少有些变异，但只要一眼，便也能知晓它的前身，这种形变神在的纹饰图案，既有传统的美感，又因为与贵金属材质的搭配而时尚感十足。

吉祥纹饰大揭秘

纹饰也许在你身边的出镜率很高，但你却不知道其含义；又或许与某种纹饰似曾相识，隐约知晓它象征吉祥，但出自哪里从何得来却毫不知情，首饰不仅用来装饰自己，它所蕴含的文化积淀也值得我们去深究。

1. 官运亨通必选云纹

云纹本是古人用以刻画天上之云的纹饰，无云便无雨，无雨则谷不生，因此古人由求雨转而敬云，历经几朝几代的演变，最终得到我们现在所见的形态。这种富有较多曲线组成的写实云纹和云头纹，也更加有了祥瑞的含义，古时官员的花边纹饰多选云纹，主要是寓意平步青云。

2. 出人头地首选龙纹

龙，是一种幻想的动物。古人认为它是最高的祥瑞，自古就有望子成龙、龙行天下等说法。在中国古纹样装饰中，龙纹占有十分重要的地位，被大量装饰在玉石、陶瓷、织绣和服饰等许多方面。

3. 好运连连挑回纹

它是由陶器和青铜器上的雷纹衍化而来的几何纹样。寓意吉利深长，苏州民间称之为"富贵不断头"，回旋曲折的纹饰暗示着好运不断。

4. 万福万寿的万字纹

中国古代传统纹样之一。万字纹来自梵文，意为"吉祥之所集"，有吉祥、万福和万寿之意。

5. 事事顺心如意纹

如意纹是按如意形做成的如意纹样，借喻"称心"、"如意"。在民间多被演化成"平安如意"、"吉庆如意"、"富贵如意"等吉祥图案。

搭配诀窍

1. 有纹饰雕刻的首饰色彩大多较为朴素平实，造型以方、圆为主，选择时要与脸形和肤色达成和谐。

2. 方脸形适合选择长圆形的纹饰首饰，尽量贴近脸部，达到视觉拉长的效果；脸形过圆的女性，尽量选择颈饰装饰或长线形的耳饰，避免方形或圆形的耳钉等款式。

TIPS

1. "玉不离身"保成色

玉石首饰要经常贴身佩戴，这样才能保证玉石的水头充足，其实玉石首饰退色、无光，是因为本身的水分蒸发在空气中。

2. 挑玛瑙看花纹与杂质

高品质的玛瑙呈半透明状，肉眼无法看到花纹、杂质和解理线，略差一级的玛瑙会伴生一些暗纹，并且肉眼便可识别。

3. 长期保存涂层油

如果长期不戴的玉石首饰，至少要每 3 个月拿出来用清水洗涤一次，然后抹上一层 baby 油，放在塑料袋里再放在布袋中，并且要避免强光照射。

老王评报

一个把中国文化与美饰结合的选题。

一个把主旋律与时尚混搭的创意。

"中国红"、"中国符号"是我们的骄傲，也将是世界的最爱。

内容从中国文化诠释开始，将"菊花"、"荷花"、"梅花"、"兰花"、"竹子"、"桃花"等独具喻义地依附于珠宝，把"龙"、"凤"、"麒麟"、"龟"、"仙鹤"等搭配了首饰，还有吉祥纹饰的多样解读，为时尚的装饰增加了浓浓的文化分量。

王明克印

华美引力 珍珠加分

撰文 / 肖蓉蓉

知性分 升级基本款

珍珠早已不是祖母的压箱底儿,不知何时它已经荣升为职场女性的必备珠宝单品。一条简单的基本款珠串便能渲染出"白骨精"们的干练与亲和力,而本季,更时髦、更具创意的升级基本款珍珠首饰,不仅具备以往的装饰作用,更将知性女人新潮的时尚态度展现得淋漓尽致。

选饰细说

1. 单坠镶嵌最干练:干练的女人就要简单利落,繁冗拖沓的装饰不适合营造干练睿智的风格,细细的K金项链下吊挂着一颗珍珠,周边装点着各色宝石,简单新颖。

2. 长链珠串正流行:别以为长串的珠链只有在秋冬季搭配在毛衫外才合适,今夏,单色或多色的缠绕2层或3层的加长珠串正在流行,如果你是职场高层,这样一条彰显品位与时尚感,并超具亲和力的长串珍珠项链不可或缺。

3. 依脸型选款式:短脸型的美女宜戴细长或带挂件的珍珠项链,这样可以从视觉上起到拉长调和的作用。如果是圆脸美女,可考虑佩戴竖线的细长珍珠耳环或杆式耳坠,能达到把脸"拉长"的效果。

实用搭配

1. 浅色珍珠 + 衬衫 = 端正感:如果在你常穿的白色立翻领衬衣内配上一条直径在6~7mm的细巧浅色珍珠项链,再加一对配套耳钉,会给你的上司留下一种成熟稳健、工作能力强、办事让人放心的感觉。

2. 珍珠首饰 + 针织面料 = 整洁感:珍珠柔美的光泽低调而稳重,与针织面料那种轻柔舒适的感觉搭配相得益彰,正如模特所呈现的那样,珍珠项链与耳饰搭配今夏流行的立体装饰针织背心,典雅中透出干净利落的时髦感。

经典分 品位与价值并存

没有哪个女人会拒绝自己如同赫本一样优雅经典,伫立在橱窗前的优雅背影已成为人们心中经典的代名词,于是小黑裙、珍珠变成优雅的永恒招牌,在女人的珍藏中,永远为珍珠留有一席之地,如果你希望给人留下典雅淑媛的印象,品位与价值并存的珍珠首饰无疑是首选。

选饰细说:

1. 细观"珠光"品价值:俗话说:珠光宝气,不难看出"珠光"在评判珍珠价值上的重要性,它是珍珠特有的色彩。光泽是决定珍珠品质好坏的首要因素。简单地说,光泽就是珍珠的明亮度,如果表层有些半透明是最好不过了。光泽好的珍珠可以明显地看到灯光反映在它上面的

影像,光泽不好的珍珠反映的影像模糊,不鲜明。

2. 稀有色彩更贵重:颜色对珍珠的价格影响非常大。国际上比较公认的最好并且价值较高的颜色是:黑色带绿晕彩、带粉玫瑰色,粉红色带玫瑰晕彩,白色带玫瑰色晕彩的珍珠。当然有些时候珍珠的产地也会影响它的价格,据说有些大溪地黑珍珠成为了投资极品。

3. 形状、大小不可忽略:珍珠的形状一般分为圆形,对称形和不规则形。俗话讲"玉润珠圆",珍珠当然是越圆越美,圆形给人以高贵,完美之感。如果直径达到13~15mm 的珍珠,便能堪称极品了。

实用搭配

1. 简约单色服饰最配经典珍珠:佩戴珍珠首饰时,尽量选择简约单色服饰进行配搭,绚烂的色彩和夸张的图案会掩盖珍珠美好温润的光泽。

2. 黑白珠叠加,优雅翻倍:珍珠项链向来是优雅女人的最爱,黑白珍珠项链叠加搭配,经典依旧却更加丰富。这样的组合配搭既可以点缀单色服饰的高贵,又能搭配出优雅的新意。

图片诠释出珍珠的知性、经典、时尚三方面特质,调性清新自然,突破以往珠宝大片只表现珠宝的模式,从不同类型的珍珠与不同风格的服饰搭配入手,保留图片观赏性的同时大大提高了大片的实用性。

内容从珍珠的不同风格入手,告诉读者如何选择适合知性职场、能够保值以及当下最时尚的珍珠首饰,并针对每类珍珠的特点给予搭配建议,语言平实中肯,更贴近读者的阅读习惯。

专属钻戒 为爱加冕

撰文 / 李苑

这个世界上应该没有不爱钻石的女人，就像这个世界上没有花朵能够舍弃阳光。那么，你想选到一款真正 Match 自己的专属钻戒吗？和我们一起分享接下来的钻石选购秘笈吧！悄悄修炼之后，相信不管你是什么性格、气质和手型，都会找到一款适合自己的钻戒。

不同渴望不同钻

也许选钻戒，就像选择那个和自己共度一生的男人一样，适合自己，永远是第一准则。因此，我们将新娘分成三种类型，分别推荐适合的钻戒品牌，并为您条分缕析，梳理它们的优缺点，帮你对号入座，迅速锁定适合自己的那枚钻戒。

追求华美与尊崇的新娘

推荐品牌: Bvlgari、Cartier、Tiffany、Harry Winston、Van Cleef & Arpels、Chopard、Piaget、MontBlanc、Mikimoto 等。

优点

1. 首先，拥有国际顶级珠宝品牌的首饰，当然会令新娘倍儿有面子。

2. 这些品牌均拥有悠久的历史和文化感，通常与王室、名人有着密切的关系，所以，选择这样的珠宝，会令新娘产生公主般的荣耀感。

3. 许多经典款式源远流长，经久不衰。

4. 享誉全球的珠宝品牌，服务自然一流，享受尊崇的售后保障。

5. 绝对不用担心品质问题，只要荷包满满就可以放心大胆地挑选任何中意的款式。

美中不足

1. 品牌地位高，当然价格也就不菲。

2. 婚戒款式相对固定，推出新款的周期相对比较长。

渴望个性和参与感的新娘

推荐品牌: DSC、钻石小鸟、九钻等。

优点

1. 可以自己挑选中意的裸钻和戒托样式，个性定制属于自己的戒指。

2. 性价比很高。

3. 亲自参与钻饰从原料挑选到设计制作的过程，纪念意义更浓厚。

4. 只要你自己的设计够独特，就绝对不会像"撞衫"一样，有跟别人"撞戒"的可能。

5. 售后服务同样到位。

美中不足

1. 制作周期相对较长。

2. 不适合经费特别有限的新人。

希望实惠又新颖的新娘

推荐品牌: Forevermark、菜百、周大福、周生生、天美钻、千叶珠宝、金至尊、七彩云南、六福、Just diamond、戴梦得等。

优点

1. 国际新品牌或华人经营的老字号，货品质量毋庸置疑。

2. 每天都很红火的珠宝门店已经证明了他们的价格优势。

3. 更专注于为东方女性设计制作首饰,因此,这些品牌的婚戒款式更适合东方女性的手型特征。

4. 戒款丰富多彩,设计多样,款式更新速度快。

5. 档次齐全,你总能找到一款适合自己购买能力的新款戒指。

美中不足

1. 店面通常设置在大商城内,购买时的私密性一般。

2. 许多款式足够新颖,但是否经典还需要时间检验。

不可不知的 5 大珍贵钻种

如果你的他足够有诚意,当然了,财力也绝对允许的话,向你隆重推荐以下几种最珍贵的钻石品种,每一种,都代表了万里挑一的绝对美态。

1. 净水钻:一种纯净得像水一样的无色透明钻石,其中尤其带淡蓝色者为最佳。世界特大金刚石和世界名钻主要是这种品种,如"琼克尔"等。

2. 红钻:一种粉红色到鲜红色的透明钻石,其中尤以"鸽血红"者为稀世珍品,澳大利亚是其主要产地。

3. 蓝钻:一种天蓝色、蓝色到深蓝色的透明钻石,其中以深蓝色者为最佳。这种钻石与所有其他颜色的钻石不同,它具有半导体性能。因其特别罕见,故为稀世珍品,如世界名钻"希望"等,南非普雷梅尔矿山是其主要产地。

4. 绿钻:一种淡绿色到绿色的透明钻石,其中以鲜绿色者为最佳,如世界名钻"德累斯顿绿",津巴布韦(罗得西亚)是其主要产地。

5. 黑钻:黑色金刚石通常不能作为钻石,但个大乌黑而透明者也能成为珍贵钻石,如世界名钻"非洲之星"。

不同手型不同钻

钻石戒指是新娘的主要首饰之一,随着手的起伏,钻石戒指也在展示新娘的光彩和个性。然而要更好地发挥戒指对手的装饰作用,必须注意手与戒指的合理搭配。人的手就其形状而言,有大小、胖瘦、粗细、长短之分,只有选择一款适合于自己手型的戒指,根据手指的形状决定戒指的款式、宝石的大小和多少,才能充分展现新娘双手的美丽。

娇小型的手

手型特点:手掌小、手指短而不粗。

适合戒款

1. 钻石不宜过大,否则将使手看起来更加单薄,应选配形体比较小巧的钻石。现时流行的单粒美钻戒指是其最佳的选择,简洁清新,小家碧玉风范跃然"指"上。

2. 不能同时在多个手指上佩戴戒指,否则会有不堪负重的感觉。

3. 从造型上,应选择具有"拉伸效果"的钻石戒指,例如:镶有马眼形(橄榄形)钻石的戒指、呈"V"形的戒指等。

4. 如果你的手掌过于瘦小,不妨可以在小指上佩戴一枚碎钻镶嵌的小戒指,以在视觉上增加手指的宽度,让手指看起来更饱满一些。

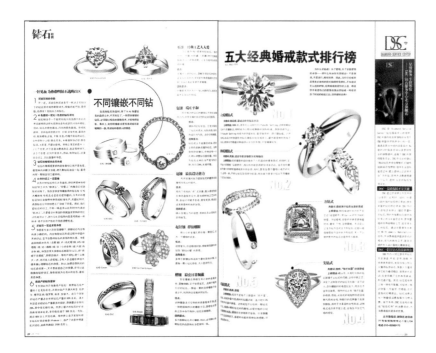

粗短型的手

手型特点：手掌较大、手指粗。

适合戒款

1. 简洁纤长的单粒榄尖钻石可在视觉上显出手指的修长，使手指平添一份秀美。

2. 直线形、榄尖形、梨形等比较修长的指环，以竖向的纵深感来修饰手型的缺陷。

3. 非对称设计的款式，也能使人分散对你手指形状的注意力。

4. 在造型上，不要选择图案横向排列的戒指，而要选择花纹顺着手指的戒指。

5. V形戒，即尖端指向掌心的款式，也能让手指显得纤长。

6. 应避免圆形、方形的钻石戒面。

骨瘦型的手

手型特点：手指细长、骨节突出。

适合戒款

1. 选择圆形的钻石可以让手指增显敦实之感，若在主钻旁配镶一些璀璨的小钻，可使手指异彩纷呈。

2. 避免梨形、榄尖形及直线形的指环，因它们会令你的手指看起来更瘦。

3. 不妨尝试在同一手指上戴多只细的指环，横的条纹与修长的手指相配衬，可增加手的魅力。

4. 多层镶嵌、有横线条的指环也能增加手的圆润感。

修长型的手

手型特点：手指纤长、圆润、骨节不明显。

适合戒款

细长型手是比较完美的手型，如果再加上皮肤白嫩，这种手指是佩戴戒指的最佳手型，恭喜你了！任何款式及切割形状的钻石都可与你的一双美手完美搭配，尽情佩戴别的新娘不敢尝试的潮流戒款吧！

最 IN 的钻石形状

圆形钻石　80% 的女人都爱它

通常拥有经典的钻石切工，是用于制作订婚戒指最常见的形状。圆形钻石是适合所有场合的传统选择，也是很多个人投资的首选。是至今为止最为流行和被研究开发最多的钻石外形。

公主方形钻石　订婚戒的宠儿

公主方形是最受我们欢迎的非圆形钻石。它的美丽光芒和花式切工使它成为订婚戒指的宠儿。公主方钻采用明亮型切割并留有锋利的尖角，钻石被切割成典型的正方形，此种切割方法采用垂直方向的冠部和亭部替代了阶梯形水平刻面。

祖母绿形钻石　大戒面，够奢华

祖母绿形钻石通常是矩形的。由于有一个稍大而空旷的台面，这种外形更强调钻石的净度。外部边缘平坦，可以搭配各种各样的侧石。典型的搭配是两到三个用做侧石的狭长形宝石，两个半月形宝石，以及其他小的祖母绿宝石,但是不能和三角形切割的钻石搭配,因为三角形切割的钻石的光会令中心的祖母绿形钻石看起来显得平淡。

马眼(榄尖)形钻石　蓬巴杜风情

这种形状的传说跟著名的蓬巴杜(Pompadour)夫人有关:传说,太阳神将一块石头磨成蓬巴杜侯爵夫人嘴唇的形状。这种形状两头尖尖,中间部分十分明亮,各个面的切割需要更多的经验,而且每个点都很脆弱,需要切割时非常谨慎细致。

看钻石形状 测新娘性格

佩戴圆形钻石的女人

善良、随和,对家庭有着强烈的责任感,重视感情值得依赖。

佩戴方形钻石的女人

比较自律,考虑问题周详而理性,富有领导才能。

佩戴祖母绿形钻石的女人

稳重大方,贵气十足。

佩戴椭圆形钻石的女人

性格独立,从不人云亦云,有坚韧的毅力,将自己的独特想法付诸行动,在事业上能表现得极为出色。

佩戴榄尖形钻石的女人

榄尖形又称侯爵夫人型,正如它的名称一样,佩戴这种钻戒的女人,如侯爵夫人般擅长应酬交际,喜好家居生活,对有兴趣的事物孜孜以求,决不轻言放弃。

佩戴水滴形钻石的女人

拥有最温柔娇俏的造型,性格活泼开朗。

佩戴心形钻石的女人

心形是所有钻石形状中最浪漫的一种,因此,佩戴心形钻石的女人想象力丰富,相信直觉,崇尚浪漫。

不同镶嵌不同钻

在选购钻石饰品时,除了从 4c 衡量钻石的品质之外,千万别忘了,一颗质优璀璨的钻石,必须配以精良的镶嵌技术,才能相得益彰。事实上,良好的镶嵌法更有表现钻石最璀璨的一面,传递钻石最动人的情感。

爪镶 经典工艺人人爱

用金属爪(柱)紧紧扣住钻石,一般可分为六爪镶、四

爪镶、三爪镶,时下结婚戒指就流行六爪皇冠款。公主方钻可以采用四爪镶。

优点

金属很少遮挡钻石,清晰呈现钻石的美态,让宝石炫目的光泽从任何角度看都光芒四射,令钻石看起来更大更璀璨。

选购要点

爪镶要求爪的大小一致,间隔均匀,钻石台面水平并且不倾斜。

包镶 端庄平和

用金属边把钻石的腰部以下封在金属托之内,用贵金属的坚固性防止钻石脱落。

优点

镶嵌得比较牢固。它充分展现了钻石的亮光,光彩内敛,有平和端庄的气质。适合日常佩戴。

选购要点

钻石底尖不能露出托架,否则会损伤皮肤或撞伤钻石。如果背部封底镶口,中央会有一小孔用以调整钻石面位置。包边与钻石之间应当严密没有空隙,均匀流畅,光滑平整。

逼镶 最具设计潜力

利用金属的张力固定钻石的腰部或者腰部与底尖的部分。

优点

摆脱了传统托的"爪"式印象,使人感觉到宝石像是盘旋在空中,是当前时尚工艺的代表,由设计师赋予生命,变化无穷,很适合追求新意和时尚的女性。

选购要点

确认金属压力的强度,否则日久之后钻石容易脱落。

起钉镶 群钻耀眼

用小小的金属孔抓住每一颗宝石,成为一个精细的底座。

优点

观感复杂,但是精细别致,很能体现奢华类钻饰"群钻闪耀"的美感。

选购要点

多用于群镶钻饰或成为豪华款的点缀,注意每一颗小钻石颜色、大小是否均匀。

槽镶　最宜日常佩戴

宝石镶嵌在两根呈平行状的金属条中，清晰明朗，又不显得突兀。适用于相同口径的钻石，一颗接一颗的连续镶嵌于轨道之中，利用两边金属承托钻石。

优点

这种镶嵌法可令饰件的表面看来平滑，是一种稳固和持久的镶嵌方法，即使在日常的工作中也不用担心钻石会被蹭掉。

选购要点

多为数颗钻石平行镶嵌，所以，必须确认每颗钻石的品质和光泽度保持一致。

一针见血 为你指明钻石选购误区

误区一:买钻石就能保值

不一定。买钻石和买金条不一样，0.2 克拉以下的钻石受市场因素影响大，保值功能不强，要保值，还得买 1 克拉以上的钻石。

误区二:H 色度的一定比 I 色度的钻石漂亮

钻石相当于一个能把光线分成五颜六色的光并且能够将这些光反射出去形成多彩闪光的棱柱。因此，钻石的颜色越浅，闪光的颜色越强。色级就越高。色级由高到低分为: D 级，完全无色，最高色级，极其稀有;E 级、F 级，无色，均属于高品质钻石;G~H 级和 I~J 级，接近无色;K~M 级和 N~Z 级，颜色较深，火彩差，不建议使用。市场上常见的是 H、I、J 三个色度，对于普通消费者而言，在正常照明下，这 3 个色度，区别不是很大，因此，挑好钻石，还要综合切工、克拉重量和净度。

误区三:钻石的璀璨来自其色度

钻石的璀璨度更多的是依靠切工而不是色度。最简单的判断方法是，把几颗钻石放在一起，最亮的那一颗就是切工最好的。

误区四:比利时切工一定最棒

比利时的钻石切工久负盛名，但仍然简单地把钻石切工分为"欧洲工"、"印度工"的做法已经是陈年旧账了。现在全球首饰镶嵌用的钻石每 12 粒大概就有 10 粒左右是在印度切磨的，今天的印度钻石加工业按照世界顶级标准生产，无数比利时、美国钻石公司纷纷把工厂设在了印度。因此，我们看钻石的切工，不用一味追求以比利时为代表的"欧洲工"，只要看 GIA 等国际权威鉴定机构的切工评价就可以了，因为 GIA 定级用的是客观而统一的标准，绝不会因产地的不同而调整标准。

误区五:买钻石一定追求高净度

净度是专业人员在显微镜下，根据钻石内含物的多少确定的。内含物是钻石形成过程中保留的天然印记，它不会影响钻石的美丽和耐久度。净度由高到低分为:FL（无瑕）级、IF（内无瑕）级、VVS（极微瑕）级、VS（微瑕）级、SI（小内含物）级、P 级（内含物）级。珠宝店里大多数钻石都是 SI 以上，即"肉眼下无瑕疵"，即使是稍次一等的 P 级钻，把个头换大一点，也可在人前招摇，没有人会追着你用放大镜来确认那颗钻石的净度。所以，如果您想购买的钻石美观第一，又不想改变自己的预算，您可以选择拥有较好切工、颜色级别为 G 或 H 的钻石，最后考虑净度。

误区六:南非产的钻石最好

千万别以为只有南非产钻石！世界钻石年产量约 1 亿克拉左右，大部分出产于澳大利亚、扎伊尔、博茨瓦纳、俄罗斯、南非、加拿大。这几个国家的钻石产量占全世界钻石产量的 90% 左右。澳大利亚是目前钻石产量最多的国家，其储量占全球的 26%，其中宝石级约 5%。世界上最大的钻石砂矿在西南非纳米比亚，平均售价高于 300 美元 / 克拉，而且 95% 以上为宝石级。而世界上首次发现的原生钻石矿床在南非(Premier)，出产了许多世界著名大钻石，如库利南钻(3106 克拉)。

五大经典婚戒款式排行榜

为什么买钻戒？为了爱情，为了宣誓爱情的永恒——而什么和永恒无限接近？不是潮流，不是流行，唯有经典。因此，当你已经被商店里各式各样的款式搞得眼花缭乱，不知道该怎么选的时候，经典婚戒就是你的上选。难道你不希望自己的爱情也像这些钻戒一样在经历了时光的检验之后,仍然堪称经典?

六爪圆钻式

关键词:稳定感、最适合欣赏钻石火彩

上榜理由:

1886 年,蒂芙尼公司独创 Tiffany Setting,这种单颗钻石的六爪镶嵌法,顿时成为订婚钻戒镶嵌的国际标准。而到目前为止,Tiffany Setting 也成为世界最知名、最受推崇的一款订婚钻戒。六爪钻戒,在设计时将圆形的钻石镶嵌在铂金戒环上,最大限度地衬托出了钻石,使其光芒随着切割面得以全方位折射,尽显璀璨光华。

四爪圆钻式

关键词:灵动、适合与更多镶嵌方式相组合

上榜理由:四爪镶嵌的圆钻继承了六爪圆钻的基本款式,但同时,它不如六爪那样"众星拱月",相应的也就显得更加活泼灵动。由于四爪镶嵌不像六爪那样强调戒爪的存在感,有时,甚至故意尽量缩小戒爪的尺寸,这样一来,不但让钻石显得更加轻盈,而且能与更多小钻以不同镶嵌方式加以组合。

方钻式

关键词:最能展示钻石台面的质感

上榜理由:相信痴迷时尚的你不会忘记《欲望都市》里 Carrie 对于方钻的钟爱。方钻婚戒,在她的字典里意味着时尚、奢华、个性、足够震撼。无论是以公主方钻为主的正方形钻石,还是以祖母绿型钻为主的长方形钻石,无一不以绝对宽大的钻石台面而夺人眼球。

均钻圈式

关键词:低调、百搭

上榜理由:或许不是每个人都喜欢"鸽子蛋",因此,钻戒中最为低调的均钻圈式就一直为他们而存在并长盛不衰着。这种戒指不以任何一颗钻石为主,强调小颗粒钻石的均衡性,以星光般的小钻点缀整枚戒指,熠熠生彩但却并不张扬。日常佩戴时不会显得突兀,盛装时也能和其他钻饰搭配,可谓百搭高手。

老王评报

在钻石选题中,细致、深度、巨细地报道了钻戒,可以说将成为一段时间内无法逾越的一期选题。

王明亮印

ALICE IN WONDERLAND

黑色童话 奇诡珠宝

白色皇后用自己的口水和其他奇怪玩意为爱丽丝制成了"缩小汤";红桃皇后对贪嘴的青蛙手下大发淫威;疯帽子先生和三月兔子的茶会依然疯狂;能把头取下来的郡猫不停地咧着嘴笑……蒂姆波顿的 3D 电影新作《爱丽丝梦游仙境》将于本月内登陆中国银幕,根据北美票房榜最新数据,该片已经蝉联数周冠军,把排第二位的《Green Zone》远远抛在后面。奥斯卡大获全胜的《拆弹部队》在票房上却也不是《爱丽丝梦游仙境》的对手,由此可见,这个充满黑色风格的成人童话势头确实够盛,样充满奇诡风格的珠宝也以一种诡谲风格呈现出来。所以这一次,我们将带你走进的是一个属于爱丽丝的珠宝仙境,有毒的蜘蛛、会笑的扑克……一切,你见所未见。

ALICE IN WONDERLAND
黑色童话 奇诡珠宝

撰文 / 李苑

> 白色皇后用自己的口水和其他奇怪玩意为爱丽丝制成了"缩小汤";红桃皇后对贪嘴的青蛙手下大发淫威;疯帽子先生和三月兔子的茶会依然疯狂;能把头取下来的柴郡猫不停地咧着嘴笑……蒂姆波顿的 3D 电影《爱丽丝梦游仙境》是个充满黑色风格的成人童话引发了同样充满奇诡风格的珠宝也以一种诡谲风格呈现出来。所以这一次,我们将带你走进的是一个属于爱丽丝的珠宝仙境,有毒的蜘蛛、会笑的扑克……一切,你见所未见。

当19岁的爱丽丝再次回到诡谲森林

最具爱丽丝人物风格的珠宝

以蓝色为主调,带着一丝女孩气却又不过分甜美。

属于爱丽丝的时尚花边

这一季,爱丽丝也是时装界的红人。Zac Posen 制作了主题为"刘易斯·卡罗尔("爱丽丝梦游仙境"的作者)遇到派罗玛·毕加索"的服装;Donatella Versace 说,爱丽丝是 2010 年春夏系列中淡彩礼服的灵感;而迪斯尼也制定了服装销售计划,与美国时装设计师 Sue Wong 合作,推出高端服装"爱丽丝漫游仙境"连衣裙,准备在美国商场销售。而以爱丽丝梦游仙境为题的大片也出现在了《Vogue》杂志上。

与爱丽丝有关的珠宝谈资

"爱丽丝梦游仙境"的奇幻特质,让许多珠宝品牌为之折服。已经具有 200 多年历史的意大利珠宝品牌 Buccellati 就以它为灵感,推出过 Anthology 系列。

配饰品牌 What's About Town 推出爱丽丝头饰;Burlington 在长袜上用了钻石印花。在伦敦的 Selfridges

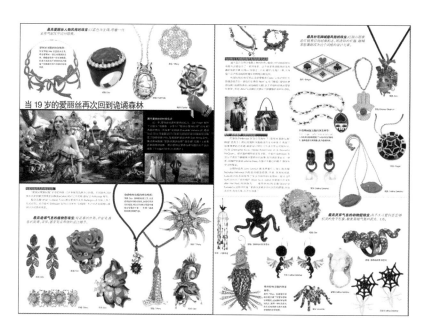

百货公司里的"仙境室"也已经开始销售以爱丽丝为灵感的珠宝。

当红桃皇后遇见疯狂帽子和柴郡猫

最具扑克牌城堡风格的珠宝

红桃心图案是红桃皇后的经典标志,而诡异的红唇、眼睛等图案都成为这个风格的设计元素。

与红桃女王和疯狂帽子有关的珠宝谈资

迪士尼公司抓住电影上映的时机,请设计师汤姆宾斯以电影为灵感设计了一系列珠宝。这个珠宝系列既有好玩有趣的电影元素:红桃心、扑克、帽子等,又保留了设计师汤姆宾斯擅长的粗糙切割造型。

而国际知名珠宝饰品连锁零售商 Claire's 也已经在伦敦摄政街开办一家临时品牌店 Alice's,专门售卖《爱丽丝梦游仙境》的授权商品,诸如袖珍礼帽、女王手链和经典的爱丽丝发带。此外,Alice's 品牌店还推出了限量版的耳环和项链。

属于"疯狂帽子"的时尚花边

巴黎的 Printemps 百货公司制作了《爱丽丝漫游仙境》橱窗:用白玫瑰和书堆砌成汽车大的兔子;再现了故事情景的连衣裙,都是设计师专门为该百货公司制作的,包括 Christopher Kane、Haider Ackermann 以及

Alexander McQueen。挂衣服的模特全是兔子脸。伦敦的 Selfridges 百货公司用五个橱窗展示爱丽丝的故事,包括疯狂茶会这一场景,有帽匠扮演者 Johnny Depp 在影片中戴过的帽子、假发和穿过的服装。

女帽制造商 Jane Lawson 推出绣着红心国王的高帽;Nicholas Kirkwood 的鞋包括棋盘图案、怀表、茶具和钥匙;Furla 的印花手袋使用了兔头形的包扣;就连 OPI 指甲油也出了疯狂帽匠 (Mad As A Hatter) 和爱丽丝红 (Off With Her Red) 两种颜色……难怪 Furla 的总裁 Giovanna Furnaletto 这样评价道:"爱丽丝反映出当代女性的愿望,世故又任性;有女人味,又不失活泼。"

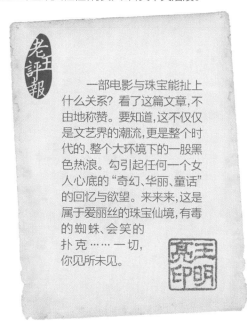

老王評报

一部电影与珠宝能扯上什么关系? 看了这篇文章,不由地称赞。要知道,这不仅仅是文艺界的潮流,更是整个时代的、整个大环境下的一股黑色热浪。勾引起任何一个女人心底的"奇幻、华丽、童话"的回忆与欲望。来来来,这是属于爱丽丝的珠宝仙境,有毒的蜘蛛、会笑的扑克……一切,你见所未见。

克王明印

时间情谜
TIME SECRET

LIFE STYLE

精品購物指南® 都市精英读本

明星国家 明星表展 明星腕表

关于瑞士这个国家，可以说的很多，世界金融中心、联合国国际会议中心、全欧洲最美的风景和最佳疗养圣地、钟表王国……有一条非常容易让人记住：它是全球最富裕、经济最发达和生活水准最高的国家之一，人均国民生产总值多年来世界排名数一数二。

说瑞士是全世界 193 个国家中的大明星选手，应该没有人会反对吧。

这位大明星选手，在时间管理方面给人的震撼，可以表现在一个极其普通的侧面。

瑞士巴塞尔表展之行，我们一行人住在邻近的小镇上，坐火车到巴塞尔得 1 个小时零 5 分钟，到巴塞尔还得打车或者坐公交车才能到会场。生活在"中国大都市"的大家，猜猜看总共需要多长时间？答案是 1 个半小时就足够了。

火车会严格按照时刻表出现在车站，1 分钟的误差都没有。车站里规划精密，简易畅通，比北京、上海的地铁方便太多了。火车到站之后，门口就是公交车站，3 分钟一班，乘客很多但井然有序。上车之后，不过十几分钟就可以到达会场。堵车？绝不可能出现在这个城市。

于是，几乎没有浪费的时间。巴塞尔简直像一个巨大的时钟，我们运转在这座大钟上，四周风景迷人，虽然节奏严谨，却时时刻刻有怡然自得的感觉。

在我们这本"时间巨星"的专刊里，介绍的是精挑细选后，明星国家瑞士的明星表展中的明星选手们。挑一块戴在手腕上吧，体会它极致的工艺与外观，仔细聆听腕上那分分秒秒的生命之歌，做一个时间管理者中的巨星，时光如此悠然惬意。

时间镂刻后的锋芒

传统意义上的巨星,不单有一种万人簇拥下的霸道和架势,一定还要具备那种在舞台大幕拉开的一瞬就点亮全场的本事。这种锋芒,是不需要陪衬的本性使然和完美流露,是真正的明星。这次我们就邀请了热播电视剧《三国》中曹操的扮演者陈建斌来演绎这组腕表明星大片,无论戏里还是戏外,他的霸气、力度和气场都展现了主宰者的魄力,任凭时间变迁,一样锋芒尽显。

经典尺寸 精致细节
超越了所有哗众取宠的手笔
真正的贵族血统
讲述一切只为传承的完美传说

精钢的光芒
谱写出时间最本质的表情
温柔的眼神来自于最严峻的脸
它就是你的灵魂伴侣

腕表:欧米茄海马 Aqua Terra 腕

深邃的黑 热烈的红
暗示出你极端矛盾的双重性格
橡胶、铆钉、剑形指针
当仁不让的主宰者标志

这一瞬间时间滴答
再次泄露了你的不凡品位
坚持正装情结
皆因它可以为你征战所有场合

STAR OF TIME

时间巨星

撰文 / 何小晨 赵冰 李菲 宋强 王苗 孙维

> 从公元前的日晷、沙漏到如今的腕表，人类与时间的对话从未停止过，但丁的《神曲》就被看作是古代人对永恒时间的畅想。古代人敬畏时间，在古希腊神话中，几乎所有的惩罚都以永恒的时间作为前提。而现如今，将手表戴在腕间，通过这一小小的动作，便可随心掌控时间，时间从此不再神秘莫测。而我们也希望所有喜欢掌控时间的人都能认识到，时间永不停止，意味着任何事都不会完结，也就是说，未来总有希望。

人类与时间的对话

"一战"时期，一名士兵为了掌握时间，将表绑在了手腕上，这成为了近代腕表的雏形。这标志着人类从单纯的测量时间开始转变为将时间变为己用，首次在与时间的对话中占了上风。而如今，佩戴腕表的人也会被附加自律、守时、在时间中占有主动的形象。

1939 年纽约世博会的主题是"未来世界"，在当时，美国人也特地为未来世界的人准备了一份特别的礼物，名为"时间舱"（time capsule），它被埋在了世博会场馆地下，并在地面的石碑上注明：直到 5000 年后才能打开。"时间舱"有着铬铜合金制成的外壳，看起来就像一个 2 米长的巨大的子弹，里面装载了那些让当时人们自豪的科学发明和日常用品，此外还包括一段纪录片，超过 1000 万字文档的微缩胶片，以及 3 位"对时代做出巨大贡献"的人给后代的留言。这是人类试图跨越 5000 年的一次对话，人们畅想着"时间舱"重见天日的那一天，将会是怎样的一副光景。

这种源自于古埃及的埋藏仪式，更像是人类关于时间的实验。千百年来，人类与时间的对话从未终止，然而这就像与一个蒙着面纱的姑娘谈恋爱，既亲近又疏远。"时间究竟是什么？谁能轻易概括地说明它？"古罗马著名学者圣·奥古斯丁曾这样发问，"我们谈到时间，当然了解，听别人谈到时间，我们也领会。那么，时间究竟是什么？没有人问我，我倒清楚，有人问我，我想说明，便茫然不解了。"对于任何事物来说，时间在身边奔流不息，而且充满了难以解释的神秘力量。在与时间的对话中，古希腊学者亚里士多德曾经发问："假如时间永不停止，会发生什么？"

假如拥有无限时间，你会做什么？

在概率学中有一个这样的假设，假如时间永不停歇，给一只猴子一台打字机，任凭它胡乱敲打，那么在无限的时间中这只猴子必然能打出一部完整的莎士比亚戏剧。那么对于人类呢，将这无限的时间给予人类又会如何？

这种说法听起来也许令人惊讶，但我想那时候的人们无非会被归属到两类。

对于第一类人来说，无限的时间意味着可以慢一点，再慢一点。他们认为不用急着上大学，毕业拿学位，也不会忙着步入社会恋爱成家养孩儿。这些事情有的是工夫去做。岁月悠悠，什么都能完成，什么都可以等待。再说了，忙中必出乱子。在无限的时间面前还有什么能比稳妥更为重要的呢？他们步履悠闲，穿戴松垮。一本书看上几十年，聊起天就像树叶晃晃悠悠地飘落下来。他们也会聚在

LIFE STYLE
精品购物「指南」 瑞士表展专刊

一起，细品咖啡，交换着打发时间的心得。

而第二类人则恰恰相反，以为既然岁月无穷，何不抓紧利用，将想到的都不妨做一做。他们将要从事无数种职业，更换无数次居住地，改变无数次人生轨迹。每个人都将成为律师、画家、医生、工人……他们老是在读新书、琢磨新行当、学习新语种。为了把无限的生活都品尝一遍，他们抓紧时间、从不懈怠。谁又能说他们没道理？他们把各样人生一一经历，唯恐有什么遗漏。

不管你即将归属于上面的哪一类，仔细想想，时间永不停止都是一件好事。这意味着你不再会有无法渡过的难关，无法攀越的山峰。即便是与对手的竞争，也不必因为落后太多而垂头丧气，只要自己努力，总有对手懈怠的一天。时间永不停止，意味着未来总有机会，积极面对生活的人，能够从中膨胀出无限自信。

当然，在这永不停歇的时间里也一定要有秩序，否则这世界可就要乱了套。如果时间不是平顺地流过而是忽进忽止，那么对于每个人来说，他们的未来也将随着时间乍隐乍现。对于有幸一睹未来的人，会马上调整自己的生活轨迹，人生的旅途从此不再会有波折和弯路。对于无缘得见未来的人，只要等着未来的光临就好了，干嘛还要白费功夫尝试呢？

在未来征服时间

在无穷无尽的时间面前，任何人都会感到渺小。庄子曾说，"吾生也有涯，而知也无涯。以有涯逐无涯，殆矣！"建议人们不要拿有限的生命与时间对抗。然而人类一直在试图征服时间，并在 1971 年首次证明了时间可以伸缩。在两位物理学家哈费勒 (J.C. Hafele) 和理查德·基廷 (Richard Keating) 的环球旅行中，飞机上的钟表指示与地面上的钟表相比晚了 59 纳秒。也许在未来，每个人都在以光速做运动，即便是房子的卖点不再仅仅是户型，而是要加上最大马力。每条街上都灯火通明，可以看到无数的房子在飞速地运动着。

若时间永不停歇，但倒行逆施，我们会看到一个棕色的烂桃从垃圾堆里被人捡起，开始在货架上变粉、变硬，如若无人问津，则会被人放进装筐，最后回到树上变成青涩的果实。每个人都会像电影《本杰明·巴顿奇事》(The Curious Case of Benjamin Button)，拥有从老人变为婴儿的一生。正因为时间是如此神奇而又无法被解释，人类对于时间才会充满无穷无尽的狂想与遐思。凝视表盘上齿轮带动秒针转动的样子，每一秒钟的跳动，原来如此迷人。

if

times

continue······

假如时间永不停歇

Classic Watches
细致解构九大经典表款

所谓经典款腕表，一定是在钟表行业中历经洗礼，无论是制表技艺还是外观设计，都收获赞誉无数的作品。稍有钟表常识，或者热爱钟表的人士都可以轻易背出各大熟悉品牌的经典款式，但对于这些表款的经典所在，并不是人人都可以讲得出的。无论是标志性细节、表坛独一份的设计，还是那些带点传奇性的设计源头故事，甚至是由于太畅销而被仿造商屡屡关注的细节特点……比起这些腕表作品本身，好像它们更能成为让人津津乐道的钟表谈资。

细致解构
九大经典表款

撰文 / 李菲

所谓经典款腕表，一定是在钟表行业中历经洗礼，无论是制表技艺还是外观设计，都收获赞誉无数的作品。稍有钟表常识，或者热爱钟表的人士都可以轻易背出各大熟悉品牌的经典款式，但对于这些表款的经典所在，并不是人人都可以讲得出的。无论是标志性细节、表坛独一份的设计，还是那些带点传奇性的设计源头故事，甚至是由于太畅销而被仿造商屡屡关注的细节特点……比起这些腕表作品本身，好像它们更能成为让人津津乐道的钟表谈资。

Rolex
劳力士

旗舰系列:潜航者(Submariner)系列腕表

劳力士进入中国的时间太早了，早到那些先富起来的人在那时没有什么选择的奢侈品市场中大规模地购买劳力士，特别是"金劳"，在很长一段时间内让这个不折不扣的好品牌"恶俗化"。可是劳力士应该算是最为市场所动、坚持自己朴实设计的少数品牌之一，而且看似平淡无奇的表圈、日历、秒针走动设计反而成为劳力士最被专业人士称赞的好细节。

经典特征 1:

位于 12 点位置的荧光点一定是温润如玉。如果不是赶风潮买劳力士，至少它的忠诚消费者都应该接受它朴实无华却又自成一派的外观设计吧，先不说蚝式外壳所蕴涵的劳力士独家的专门技术，仅仅是它的造型经历了半个多世纪的考验就成为一种经典和永恒。特别是在 12 点处的荧光点，极其温润柔滑，好像一枚珍珠，它多出现于潜水表系列中，成为最重要的细节特色之一。当然，仿造商也会最先把这个细节做到最到位以混人耳目。

经典特征 2:

秒针走动有特殊规律可循。这是一条必须通过"看图说话"解释的经典特征。简单来说，就是看如果在腕表运行过程中，秒针尾部的圆形配重刚好掠过"奔驰"时针的中心点，那就是对的了！往往是这种看似不经意的"小设计"，反而能显示出品牌不俗的功力和严谨的态度。

经典特征 3:

劳力士的日历字体有别于常规设计！更为资深一点的劳力士表迷应该留意到这个细节——劳力士日历位置的显示字体。无论是 Day-Date 还是 Submariner，日历功能都算是陪伴劳力士品牌成长甚至是略带标志性的功能之一，如果不够留意，日历显示数字会很容易地被你一带而过。可事实上，劳力士的日历字体极有特点，最容易分辨的两个数字是 1 和 4。在"劳力士体系"中，显示出来的"1"非常像英文字母"I"，而"4"的最顶端的上角是平的！这与下面介绍的"Cartier"字样组成刻度基本算是同一概念，是非常有趣的细节设计之一，也是资深表迷应该常记于心的。

Audemars Piguet
爱彼

旗舰系列:皇家橡树(Royal Oak)系列

　　作为顶级腕表品牌之一,爱彼不但在复杂工艺上可以与任何品牌分庭抗礼,而且它有别于一般顶级品牌略显保守、传统而低调的设计,敢于做大胆而又前卫的设想并把它付诸实际。它开创了顶级钟表在运动表领域的先河,"皇家橡树"系列的巨大成功也让爱彼的大名被越来越多的中国消费者熟悉起来。

经典特征 1：

　　八角形外壳是最最基本的皇家橡树特征! 皇家橡树系列得名于英国皇家海军一艘于 1830 年下水启用的战舰。所以它最有名的八角形表壳的设计灵感就来自于战舰上八角形的舷窗,同时以船舷窗象征了手表的抗压性和防水性。

经典特征 2：

　　表壳的拉丝打磨实属不一般的品质。拿到皇家橡树你就会发现它的钢材质似乎与其他精钢腕表非常不同,这得益于它高品质的拉丝处理。无论是表壳侧身或正面精致的拉丝打磨,还是表壳与表耳连接处的斜面转角细节处理,我们都可以用精彩绝伦来形容这只表。

经典特征 3：

　　表扣处以爱彼的英文简写"AP"处理,如果你知道它象征着什么,就一定可以一眼认出该品牌。

Cartier
卡地亚

旗舰系列：桑托斯（SANTOS）系列腕表

　　千万不要以为卡地亚就是一个盛产名贵珠宝的品牌,事实上它是对"满面开花"这个词诠释得最到位的一个品牌。从 1904 年卡地亚为巴西籍飞行先驱阿尔伯特·桑托斯·杜蒙创造出世界第一枚可以佩戴于腕间的手表以后,卡地亚在钟表领域就不断地超越自己,将众多系列都做成了品牌代言、热卖款式。这对于一个奢侈品品牌来说,本来就是非常不易的过程。

经典特征 1：

　　方正的表壳设计、带有螺丝装饰的表框、灵感来源于飞机座舱铆钉的螺丝装饰,是品牌最具辨识度的设计细节。劳力士、卡地亚和欧米茄可以说是被仿得最多的表款,这充分显示了它们是多么得热卖。而这三个品牌的当家款式,自然都有非常独特的外观设计。卡地亚于 1904 年推出的 SANTOS 腕表是全球第一款腕表,它首创了螺丝

外显设计、灵感来源于飞机设计中的螺丝钉。要知道,众多腕表品牌都在绞尽脑汁想把螺丝隐藏起来,而卡地亚却反其道而行之,并由此创造出一个风靡全球的时尚标识。

经典特征 2:

八角形表冠 + 专属于卡地亚的蓝宝石。卡地亚那颗代表性的蓝宝石,从 SANTOS 开始,到蓝气球诞生,一直都巧妙地出现在表冠、表盘以及任何一个需要被装饰的细节处。尽管表冠的形状千奇百怪,每一个品牌都有自己的独特之处,但八角形表冠再配上那颗只象征着卡地亚的蓝宝石,想认错恐怕都不容易吧?

经典特征 3:

隐藏于盘面之上的"CARTIER"字样别出心裁地出现在卡地亚腕表的盘面中,如果你曾经够仔细,一定会发现在某一处的细节是以"CARTIER"字样组合而成的。比如这只表,在 7 点位置"VII"中"V"的一侧就是以"CARTIER"字样设计而成的。这个字样在男表中多大出现在 7 点位置,女表则要注意 10 点"X"的细节! 说到这儿,还要补充一点,卡地亚的刻度多采用罗马数字显示,这也是它优雅气质的重要组成部分。

Blancpain
宝珀

旗舰系列:Villeret系列腕表

以前非常低调、现在越来越被在腕表消费上要求品质的中国消费者所熟知,一方面在面相上宝珀坚持"低调奢华"四个字,简约的盘面设计、贵金属的使用都恰到好处;另一方面,它自创立起就坚持机械表的生产,是怀中有绝招的高段位选手,让人非常期待。

经典特征 1:

一定要看宝珀表的指针设计,那代表着宝珀表的卓越技术。坊间略有传闻,说宝珀表的指针,绝对算是一绝,水平之高甚至超过了 PP。无论是从形状上、打磨程度上来说都是极难模仿的,比如 Villeret 系列中这款万年历腕表,你可以看到指针的身形为流线设计,而针身"宽一点或细一点的部分"绝对有严格的比例依据,看过此针,天下其他的针可以忽略了……

经典特征 2:

隐藏式调校器让复杂功能腕表外形更清爽利落。一直以来,用来调校日期、星期、月份等等的调校器多有系统地处于表壳旁边,宝珀的制表大师则想到将它们藏于表耳之下——将 4 个不同的调校器分别置于四个表耳之下。

所以我知道你在看到这只万年历功能的复杂表款时会有点纳闷它的调校器到底在哪里，不过这正是宝珀的独创之———隐藏式调校表耳，看到它，是宝珀没跑！

经典特征 3：

蓝宝石表镜不是特色，但不凸起的蓝宝石表镜并不多见！留意你自己佩戴的手表，你会发现绝大多数腕表的表镜却都是凸起的，所以从侧面观察，它应该是"胖一点"的，可是 Villeret 系列的蓝宝石表镜却都是平滑工整的，这也成就了它"侧面更美"的好口碑。而仅是这一点改变，就让整只表的气质更加斯文儒雅起来。

Vacheron Constantin 江诗丹顿

旗舰系列：传承（Patrimony）系列腕表

众多顶级名表品牌中，大概江诗丹顿是最为中国人所熟知的品牌之一。它不但在中国有着深厚而广泛的消费基础，而且还以"最小批量、最优质量、最高价格"的经营策略打动了一批批的职场高层人士，成为他们彰显自己"独特"身份最有力的工具。

经典特征 1：

马耳他十字 + 品质皮表带，江诗丹顿的品牌象征。江诗丹顿的传承（Patrimony）系列，外观看来非常低调简约，最引人注目的就是表扣上的马耳他十字，"马耳他十字"不但是江诗丹顿公司的象征，也是机芯内其中一件十字形状零件，可以防止避震弹弓因不规则转动而引起的走位，保持其准确转动。所以它在表扣上的造型也正如它所象征的一样，精致细腻。而与之搭配的皮带，绝不会过硬或者过软，清晰温润的纹路搭配手工缝制，也是江诗丹顿引以为豪的谈资之一。

经典特征 2：

透底表背可见机芯打磨非常精致。传承系列的面盘太简约了，所以翻转表盘，你可以通过整个透底表背一窥

整个机芯的究竟。或许你并不懂得那些繁冗复杂的专有词汇，可是你一定可以分辨出制表师对于每一个零件的倒角、打磨、装饰……先抛开仿品有没有透底一说，仅仅是对于透底之下机芯细节的处理，就不是每个品牌都做得到的精细。

经典特征 3：

最乐意使用贵金属打造表盘的品牌之一。对贵金属和稀有材质的运用，是江诗丹顿品牌的一大特色之一，可假表会有白金材质吗？大概都是钢表壳吧！遇到钢表壳，一定要仔细观察。

Chanel 香奈儿

旗舰系列：J12系列腕表

J12 并不是 Chanel 闯荡表坛的开门之作，却是一举让消费者对 Chanel 刮目相看的"分水岭"似的作品。它不是第一个使用陶瓷的品牌，却是第一个让陶瓷作为新材质被越来越多的消费者关注和爱的品牌；它甚至改变了自己永远优雅的风格，以一只 Unisex 的中性表大胆闯荡表界，赢得了满堂彩。

经典特征 1：

J12 在外观上最大的惊喜就是一体化的设计，表壳与表带的自然过度非常优雅。虽然 J12 的命名来自一艘同名的在国际赛船史上聚集无数荣耀的帆船，可是你要知道它在设计上的灵感绝对来自赛车，所以"一体化"成为外形关键词。仔细观察你会发现，它绝对不会表盘是表盘，表链是表链，而是丝丝入扣，互相融合进对方，呈现出优雅的流线型设计。

经典特征 2：

高科技陶瓷带来温润如玉一样的佩戴感。说起 J12 搭载的陶瓷外衣，不得不说 Chanel 是让"陶瓷"作为手表材质得到更多关注和采纳的最佳"功臣"。陶瓷够硬，抗损

度极高,而且轻便,戴在手上有些束缚。Chanel 将其运用在 J12 第一枚腕表中,不但可以不用过分担心日常生活中的剐蹭和对抗,也极大地降低了腕表对于手腕的负担,更何况,它温润如玉的特性让你在刚佩戴它的时候就会觉得丝毫没有冰冷感,非常舒适。

经典特征 3:

同心圆设计 + 齿轮状外圈边缘,如果说 J12 为什么有本事让人印象深刻,重要的一点是它在面盘上的平衡化设计。真的,不就是 1~12 几个数字吗,再怎么玩花样又能怎样?所以香奈儿只是规规矩矩地标出这些数字,而在内圈以同心圆的设计搭配外圈圆形边缘的齿轮状细节,反而让人有了再多看一眼的冲动和热爱。

Montblanc
万宝龙

旗舰系列:尼古拉斯·凯世单键镂空计时码表

谁能想到以书写工具起家的万宝龙也能做出让整个表坛瞠目结舌的钟表杰作?可是人家就是做到了,先把书写工具做到中国家喻户晓、首屈一指。现在又积极刻苦地开发腕表界并且成绩斐然,尼古拉斯·凯世腕表系列不但搭载品牌自制机芯,而且做得要品有品,要相有相。万宝龙不愧是表坛最踏实刻苦的好"学生"。

经典特征 1:

笑脸表盘成为新一轮的招牌设计。在尼古拉斯·凯世这个系列还没面世之前,万宝龙的时光行者卖得不错,口碑也好。可是尼古拉斯·凯世一面世,别说同门兄弟,连其他品牌都一下被晃到了。它不但在制表技术上有突破,并且独特地将两个计时转盘以一条搭桥夹板相连,形似悦目的笑脸,部分表盘经细意镂空,完全可一睹计时系统核心组件的真容。这种独特的设计,必然在第一眼间就让你立刻分辨出它的身份。

经典特征 2:

崭新的转盘式显示方式。通常的计时码表,应该在表冠上下安置启动、停止、归零装置,而你看这枚镂空计时表,只有一个表冠。这就暗示它与一般计时表的中置计时

秒针及独立定时器布局大相径庭:表盘两个计时转盘装置固定刻度指针,从而指示秒钟及分钟计时。

经典特征 3:

万宝龙标志跃居表冠之上。在这枚新表上,用来上链的表冠以细致坑纹装饰,内镶珍珠贝母万宝龙六角白星标志,非常优雅。万宝龙的 Fans 应当一眼就能识破它的不凡本质。

Omega
欧米茄

旗舰系列:星座系列腕表

欧米茄的"适用范围"很宽广,既有迎合潮流的时尚设计,又有完全靠"百年磨一剑"的工艺打造的职场作品,当然还有美轮美奂的珠宝表设计。既然人家品牌有那么深厚的中国消费者基础,又变化多端,产品线充足,自然满是人场。

经典特征 1:

"托爪"设计让星座系列成为在全世界范围内辨识度极高的表款之一。从 1982 年诞生至今,星座系列一直就是欧米茄最受瞩目的表款之一,不但因为它在那个年代就采用了一种极其前卫和时髦的设计,而且它的设计并不仅仅局限于"美观"的范畴,这个名为"托爪"的设计就好像爪子一样将蓝宝石水晶表镜和垫圈牢牢固定在表壳之上,严密地限制了水的进出,提高了腕表的防水性能。

经典特征 2:

雪花镶嵌 + 激光镌刻标志,让手表成为永恒。普通版本的星座系列腕表,除了在材质的选用上多种多样之外,12 刻度经常以小钻点缀。但这款最新推出的奢华版星座系列腕表在保持一切星座系列特征的同时,以"雪花镶嵌"的技艺将钻石镶嵌在表盘、表圈、托爪和表壳上,并且它还有一个全球首创——表链独特的蝴蝶搭扣上有一颗独一无二的钻石,黑色欧米茄标志经由包含激光刻蚀在内的多重工序被刻蚀在钻石之中。成就了欧米茄品牌与钻石一起恒久闪烁的心愿。

Rado
雷达

旗舰系列:整体陶瓷系列腕表

创立时间并没有非常长,在中国口碑中相当了得的雷达表以"创新"为自己品牌的座右铭,高科技陶瓷现在这么红,就是雷达首当其冲率先使用的,引来跟风长达20余年,到现在热度都没有一点减缓的趋势,简直太让人惊奇了!而以全黑高科技陶瓷打造的整体陶瓷系列腕表,在路上确实看见不少人戴过,有些还真能戴出那个劲儿和那个味道来!

经典特征1:

方形表壳+高科技陶瓷质地,绝对是雷达没跑儿!如果说你走过一排手表橱窗,一定、也应该一眼在一堆表里率先把雷达给挑出来。因为它的外形太特殊了,方方正正的表盘,而只是眼望过去,就知道它的材质一定不是钢或者任何一款贵金属,无论拿在手里还是贴在皮肤上,都温润如玉石,这就是雷达的招牌——高科技陶瓷材质。

经典特征2:

盘面的设置极具标志性,特别是计时表的3个计时圈的摆放非常具备视觉美感。雷达不但将自己的品牌LOGO全部以金色打造,它几乎也是最爱在表盘细节设计上使用金色的品牌。特别是当金色与高科技陶瓷的黑组合在一起的时候,整体感觉既现代又摩登,卖相非常了得。尤其是在整体陶瓷系列中的计时码表中,雷达将3个金色的计时圈做成不等大的尺寸,然后依次排列,竟然组合成极具美感的面盘设置,也算是它的特色之一了吧!

经典特征3:

表壳与表带相融合的一体化设计!雷达向来以创新和潮流为自己的品牌特色,在此之前,我们也几乎没有看到过表盘与表带尺寸完全没有变化的、"像手镯一样"的男表。而雷达整体陶瓷系列就敢为天下先,最大的特色之一就是表壳和表带融为一体,如果搭配得好,也是一件非常有设计感的男性饰物。

近年来越来越多的人开始对钟表有兴趣,特别是经济危机的到来让很多持币的消费者开始思考将钱花在什么地方可以保值、增值,很多人都想到了钟表。《细致解构九大经典表款》就是根据消费者的实际需求,精心挑选中国消费者耳熟能详的九个品牌,对它们的旗舰表款以及经典细节进行分析。寓教于乐,指导性很强。

时至年底
人人都需要强心剂!

在我们深思熟虑策划的《精品购表指南》中,**最经典的腕表品牌**扑面而来,它们具备**最久经考验却独特**的设计、最实用的功能、**最佳性价比**! 每一只都不容错过!

还有什么比用表来犒劳自己更给力?

无论你是以取悦自己的名义还是投资的名义,**我们不仅为您甄选了逾百余只的经典腕表,更将选购攻略双手奉上**,为的就是出手精准、百发百中!

人生哪儿有那么多的东西需要直面? 勤勤勉勉又一年,快乐工作快乐消费就是经典的生活模式! 无论你是喜欢表、想买表的,还是第一次出手心里没谱,抑或是表中高手,**攒了许久的钱,咱一定得花在刀刃儿上!**

展现优雅
经典女人的随身伴侣
QUALITY

经典之美
精品购表指南

撰文 / 李菲 宋强 王苗 赵冰

80 后的孙俪凭借一部《玉观音》在内地闯出了自己的名号,随后又拍了很多影视剧作品,迅速奠定了自己的地位。她青春靓丽的形象和清新脱俗的气质,广受观众喜爱。在剧组孙俪勤奋刻苦,磨练出的演技也得到很多同行前辈的肯定,现在她已成为国内四小花旦之一。自出道以来,孙俪几乎没有什么负面新闻传出,她的健康形象深入人心,平时她还积极参与慈善活动,喜欢小动物是个热心肠的女孩子,由她来演绎摩凡陀优雅精致的艺术气质,再适合不过。

展现优雅经典女人的随身伴侣

戴安娜与卡地亚　经典联手

戴妃离开我们已经有 10 多年了,可她的故事仍被世人津津乐道。她是灰姑娘,也是平民王妃,更是女孩们的偶像。她代表了一个时代,被时尚界奉为永恒经典。她与生俱来的优雅与高贵,无论是外表、气质和谈吐举止都是皇家代言人的不二人选。同时,她的好品位也得到所有时尚评论家的大加赞赏,在钟表品牌中,她尤其喜欢佩戴卡地亚的坦克腕表,似乎唯有此表才能衬托出她风华绝代的容颜。

妮可·基德曼　欧米茄的选择

如女神一般的国际巨星妮可·基德曼,拥有让全世界女人嫉妒、男人疯狂的精致面孔和完美身材。与美貌并存的还有她精湛的演技,奥斯卡影后可不是浪得虚名,她的美貌决定了她这一生都无法与时尚绝缘。但凡不是完美之作,都配不上她出凡脱俗的气质,最终她为自己选择了

欧米茄的 Ladymatic 腕表,此款表最早诞生于 1955 年,在那个年代,其蕴含的女性魅力与典雅风华延续了将近一个时代。

Nela Koenig　摄影界奇女子

享誉国际的成功摄影师 Nela Koenig,对生活有一番独到的见解。这独特的一面,也是她与瑞士表制造商宝齐莱共有的特质。多年来,这位 37 岁的柏林摄影师游走全球各地,是一位极为抢手的摄影师,专精于拍摄享誉国际的电影与音乐明星。凭着无比的毅力和坚持,她征服了当时仍以男性为主导的摄影界,从她的作品与客户群也能看出,她已在这领域闯出她的一片天。同时,Nela Koenig 也完美结合家庭与事业,无论是在柏林或是她在西班牙依比萨的另一个住所,都能同时享受天伦之乐与工作的乐趣。

凯特·温斯莱特　历经磨砺的气质

一部旷世巨作《泰坦尼克号》让凯特·温斯莱特一夜成名。与其他众多活跃在好莱坞银幕上的"排骨精"不同,她很满意自己丰腴性感的身材,她成熟温婉的气质被人冠

内剑气质
经典男人的腕表现
PARTNER

以"英伦玫瑰"的称号，这也契合了浪琴表优雅内敛的风格。演过很多叫好叫座的电影，却多次与奥斯卡最佳女主角失之交臂，2009 年她终于凭借《生死朗读》封后，达到了人生事业的巅峰。她特立独行的鲜明个性，使得她不管是银幕上还是平时生活里都充满迷人的感染力。

克里斯汀·邓斯特　偶像都爱 Chanel

这些年，童星出身的克里斯汀·邓斯特一直是商业电影和艺术电影的宠儿，她在大银幕上塑造了很多令观众印象深刻的人物。走出银幕的克里斯汀·邓斯特，平时生活中同样是一个广受关注的 It Girl，不少奢侈品品牌都对她青睐有加，到目前为止她已经拍摄有多达 70 多部广告，可见她的市场号召力有多大。最近她总戴着香奈儿的手表出街，又是一个香奈儿的粉丝。

内剑气质
经典男人的腕表现

陈道明　豪雅的新形象

提及国内实力派男演员，陈道明自然位列三甲。自1985 年《末代皇帝》一举成名，到 1990 年《围城》奠定中国一线实力派演员地位，再到近年不断精进演技；从大银幕到小荧屏，从帝王将相到平凡小人物，他不断挑战自我，塑造出一个又一个经典形象。虽已贵为影帝级人物，却未见他对工作有半点怠慢之意。对于陈道明来说，每一次成功的顶点都是他征服下一个角色的起点。他坦言，自己人生中第一块手表还是出于工作需要，为了拍摄《无间道》而买。经过千挑万选最终他选择了豪雅表，因看中了其无可挑剔的上乘品质，以及对豪雅品牌 150 年文化积淀充满了信心。

李云迪　戴劳力士的艺术青年

李云迪年纪轻轻就已经是享誉世界的大师级钢琴家了。在欧美，人们甚至把他的名字与上一代钢琴巨星荷

洛维兹和鲁宾斯坦联系在一起,称他是"浪漫派钢琴大师的接班人"。他亦是首位登上《华尔街日报》封面的中国钢琴家,以及首位与柏林爱乐乐团和日籍大师小泽征师录音的中国人。李云迪成功带领了古典音乐新一代的潮流,通过他的努力,有越来越多的年轻人喜欢并热爱上古典音乐,因此他也成为"影响21世纪中国100位青年"之一。卓而不群的经历使他拥有超出同龄人的稳重和大气,劳力士是他最喜爱的手表品牌,这完全没有让我们感到意外。

齐丹·齐达内 万国心目中的工程师

在很多球迷心中,齐祖才是足球之神。他的成就足以让他跻身体坛传奇人物之列:曾三次征战世界杯和欧洲杯,在足球运动员生涯中,这是一份何等令人艳羡的成绩单。1998年,齐达内出任法国国家队队长,在自己的国家勇夺世界杯桂冠;两年后又在荷兰的欧洲杯称王。沙夫豪森万国表IWC与齐达内有着很多相同的地方,如他们在各自的领域里都表现了精准、完美、技术优越与履行社会责任。在IWC所有表款中,当属工程师自动腕表与齐达内最为匹配。正如齐达内对足球的挚爱与其无懈可击的球技,工程师腕表系列表现出来的是清晰而以操作功能为主的设计风格。

迭戈·阿曼多·马拉多纳 宇舶最佳代言人

毫无疑问,马拉多纳是足球史上最优秀的球员,亦是最具争议的一位。2008年,他成为阿根廷足球队总教练,并率领有超明星阵容的球队征战2010南非世界杯赛场,虽然阿根廷队无缘四强,可数千名守候的球迷仍然表示出

对主帅马拉多纳近乎狂热般的支持。一看老马就是性情中人,在球场上他就像一个发光体,总是能把所有目光都吸引过来,不管是西装、项链、耳钉、手表还是切·格瓦拉般的大胡子,都是他用来表演的道具。值得一提的是,老马的左右手上都戴着手表,还都是宇舶表,听说是两个女儿为他所选,手心手背都是肉,那就两块一起戴。

昆汀·塔伦蒂诺 积家的暴力美学

昆汀·塔伦蒂诺凭借由他执导的电影《低俗小说》在大银幕崭露头角,随后以其独特的电影标签迅速晋升为炙手可热的国际大导演。他对商业电影和艺术电影皆有不俗的理解,在他的电影中,尽是经典对白和风格化的血腥暴力场面。这些年昆汀·塔伦蒂诺的作品很有限,但是他所开创的电影暴力美学在影坛树立了一面旗帜,乃至对今天的电影仍有着深远的影响,他也成为20世纪90年代美国独立电影革命中不可或缺的重要角色。成名后的昆汀·塔伦蒂诺生活依然很低调,没有像他的同行们过着纸醉金迷的生活。第67届威尼斯电影节开幕电影便是由他执导的《黑天鹅》,作为评委会主席的昆汀戴着代表了他身份和地位的积家Reverso Squadra冲到影迷中为他们签名。

弗拉基米尔·普京 宝珀用实力说话

他是政界的明星,人送外号"铁腕总统"。他留给人的印象是少言寡语但做事果敢强硬,有着坚毅的性格和充沛的精力,富有同情心和亲和力,几乎集现代国家领导人的完美特质于一身。普京的承诺——用20年时间还世界一

个奇迹的俄罗斯，赢得了世人的赞许和感慨。就是这样一位深受俄罗斯民众爱戴的总统，无论走到哪儿出席什么活动都只戴宝珀。一旦认定就义无反顾且不会更改，这就是弗拉基米尔·普京。

经典之美　诞生于不朽

在《说文》中，美的解释为"美，味甘也"。而在中国汉语的造字系统解释中，"羊大为美"这一说法也得到了普遍的认可。人们在欣赏美所带来的愉悦感的同时，往往忽略了美的本质，于是在许多人的印象当中，美往往是不稳定的、容易消散的。

而真正的经典之美，往往并不在于这些可以看得到可以估量出价值的表象。一只腕表的经典之美，并不在于昂贵的材质，也不在于镶满钻石的夺目光辉，甚至不是如炫技般的复杂功能。手表的经典之美，在极微小细节上花费的时间，以及历经磨难之后所绽放出的光芒。

前往汝拉山谷 腕表经典之美诞生地

对于每一个曾前往瑞士寻觅腕表经典之美的人来说，一定不会忘记搭乘火车前往汝拉山谷的经历。在火车穿过日内瓦明媚的湖光山色之后，不经意间触摸到窗户上的玻璃，才会发现空气中的寒意渐浓。不一会的工夫，沿路的铁轨上已经能够看见积雪。越往前走，积雪就越厚。如果你是一个爱雪之人，这时的心情一定会随着积雪的厚度而心情雀跃起来，幻想着汝拉山谷内的冰雪胜景。

看着自己所乘坐的列车在这一冰雪世界内蜿蜒前行，

四处都是白色，人体的五感似乎也随之钝化了。不知过了多久，列车驶入了一片白茫茫的雪原，汝拉山谷就要到了。雪原上的一望无垠仿佛将天空压得很低，在尽头处与无尽的雪原融为一体，此时，视野仿佛有如眺望海平线般开阔。在这浑然天成的景色中，偶尔会闪过几幢零星的农舍，几乎半埋在雪中，显得格外的小。此时不论你如何暗示自己，一种不真实的感觉还是会在心中升腾起来。

众所周知，汝拉山谷被称为瑞士钟表的圣地，几乎所有知名腕表品牌都设厂于此。然而就在 200 多年前，这些埋在冰雪中的农舍才是瑞士钟表业最初的源头。汝拉山谷内气候严峻，常年被大雪封锁，农户们只能躲在家里靠制表来打发时间。他们最喜欢也最擅长的就是制作小巧精密且功能复杂的钟表机芯。这些机芯即使最简单的也需要数百个零件，至于陀飞轮、三问、万年历等复杂功能则需要数千个零件。不过，正是汝拉山谷得天独厚的寒冷气候，催生了工匠们在制表时的耐心和精度。完成一块手工制作的机芯，往往需要 2000 小时以上的时间，这也就是现如今瑞士腕表能够称之为奢侈品的真正奥秘。无论是制作还是使用，奢侈品的概念都是以时间来衡量的。

机械腕表之美 需用 2000 小时磨砺

一块腕表的经典之美，并不在于昂贵的材质，也不在于镶满钻石的夺目光辉，甚至不是如炫技般的复杂功能。一名瑞士独立制表人曾说过："手表的价值，除去这些白金的表壳，是在极微小细节上花费的时间。很多细节并不能提高手表的准确性，比如手工打磨倒角，让腕表更加圆润柔和，或者把边棱磨得锋利如刀。但对我来说，做表必须

Classic beauty

经典六类腕表 鉴赏镏金时光

每一年我们都会为消费者推荐不同样式的腕表，可你知道，腕表并不像时装或者首饰，有很大一部分受制于当季潮流。在钟表世界，经典似乎更值得歌颂：经典品牌、经典设计、经典功能都可能令一只表收获更多的关注。手表并非小物件，更不乏一掷千金的作品，买哪些？怎么买？这些都成为消费者关注的焦点，因为它并不仅仅是你的财富展露或者身份象征，更演变为个性符号，与你完美融合在一起。一只经典腕表，具备保值或者升值的个性，其优质的特性更可以在社交场合助你一臂之力，最最关键的是，它像玉石一样，跟你越来越亲近，将品牌内涵与佩戴者的个性糅合，成为你的精神象征和个性代表。这，应该是人与表最为日久生情的经典模式了吧？

投资型腕表
消费市场最关注焦点

以消费者的角度来看，花钱买东西，不求赚了但求不赔，特别是腕表这样的"大件"。所以在表店里碰到的十个持币观望的消费者中有八九都要问："这个表是不是保值的？"一一这，就是大家消费钟表时的心理。我已经掏了这么多钱，即使不打算再卖出去，但如果我买回去年年贬值，终究还是不爽的。所以，很多人对于"经典"的个人定义就是——它的价值应该早已被时间和口碑所证明，是不是可以升值倒不是关注重点，当然，可以的话会令人更加愉跃）。在当下，它是可以保值的经典款式和品牌就足矣。

他们的消费思路：
升值不是重点，保值最为关键。

它的特色前卫的设计思路，革命性的传动系统。

1. 豪雅（TAG Heuer）摩纳哥 V4 玫瑰金款

本年度最值得期待的表款摩纳哥 V4 刚抵达北京豪雅专卖店就获得众人的围观，四只产品两只已经被火速订购。摩纳哥 V4 最初亮相于 2004 年的 BaselWorld，不但设计非常大胆新颖，而且在全球范围内率先采用了传动效率出众的机械式传动系统及线性上弦系统。当时破技惊四座，这代表着昂贵的 V4 系列曾于哪些问题。表现的黑色涂层与表盘上顺利的白色"V4"和"TAG Heuer"字样完美映衬，专有化动装置和上弦皮带则采用了专为这一新款时计开发的高科技白色陶合物，黑白相配呈现出了鲜明的对比效果。这只全球限量发售 60 枚的摩纳哥 V4 玫瑰金腕表已经获得了国内瓦时钟表大奖"最佳设计奖"，相信这只真正的"设计为功能所用"的腕表很快就能够征服全球消费者的心。

它的特色最古老的腕表品牌之一，钟表作坊年代的高超手艺。

2. 宝珀（Blancpain）Villeret 系列月相盈亏腕表

历经 30 年，同样以表圈设计、罗马数字时标和低调内敛的 Villeret 今年创造多款新品迎接宝珀 275 周年。最受瞩目的当然是全历月相盈亏腕表，除了上述特色之外，这只表配有长达八日动力储存的 6639 自动机芯，白金表壳+珐琅表盘，手艺之细腻之处，为了遵循"当表盘上出现三根以上的时计——定要区别于直线"的 18 世纪的古老制表传统，表盘上使用蓝钢蛇形指针指示日期，太古朴古味了？

它的特色珠宝镶嵌与制表工艺的最佳结合。

3. 伯爵（Piaget）Emperador 白金镶钻万年历表

哪怕你并不佩表，也定对这只表的诱惑力难以小觑？它是为了纪念伯爵 130 年来从第一只表制到第 100 万只表的特殊限定之作。为了庆祝品牌第 100 万只腕表的诞生，伯爵特意由第一个男系列——Emperador 表款推出绝代四座的伯爵白金镶钻枕形万年历腕表，来彰显它在珠宝镶嵌和研制优异机芯等领域的造诣，是品牌荣耀的纪录。所以，还需要更多吗？

它的特色超级品牌的年轻化之作，非常灵动。

4. 百达翡丽（Patek Philippe）Ref.5726 腕表

作为钟表界的超级品牌，每一只表都经过精细细琢，绝不盲目出厂。非常喜欢这只表，在设计上却暴一样；在 PP 自己的产品中也算是非时识成非常高的作品之一，而且它是首只拥有年历的 Nautilus 腕表。不锈钢表壳+鳄鱼皮表带，不会像金属那样让人小心翼翼，不戴在工作之外的场合佩戴。时尚、年轻化、优雅、实用……非常适合任何人选购。

这样，机芯、表盘、表壳甚至每一个螺丝和凹槽都必须是我用一双手亲自打磨出来的，每一个细节都要求完美，哪怕它隐藏在肉眼根本看不见的某个角落。机器是做不出来这种感觉的。"

经典，从字面意思上，可以理解为稳固、不随意变动的标准或典范。任何经得住时间考验的东西，才能称之为经典。而事实上，瑞士甚至是一个可以被称之为"经典"的国家。瑞士人喜欢一切稳固的东西，他们也将这种喜好运用到国家的建设当中，比如银行、货币、军队、联邦制、中立的姿态……这些东西自创立以来就恒久不变。一名瑞士的学者曾总结道："瑞士人总是在讨论时间，而从不讨论世界或者历史，似乎世界的变动与他们毫不相干。"正像他们传统的、发源自这些农舍里的、手工打磨机芯的过程一样——于严冬大雪闭户之际，潜心将手中的腕表不断仔细打磨、完善，待做好一块腕表之后，转眼看窗外，又是一春。

历经锤炼 由平凡的美感中升腾出神性

然而经典之所以被称之为一种美感，往往意味着经历过考验。1965 年，日本人发明的石英表，曾令瑞士制表业一度陷入了前所未有的危机。石英表造价极为便宜，并且比任何昂贵的机械腕表计时都要准确。瑞士腕表制造业因此溃不成军，许多传统的机械表品牌纷纷破产，瑞士腕表业走到了消亡的边缘。

石英表掀起了席卷世界的风潮，然而到了它真正开始

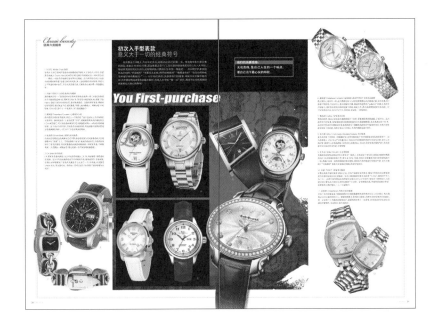

初次入手型表款
意义大于一切的经典符号

You First-purchase

泛滥的时候，人们又开始怀念机械表滴滴答答的链条声，以及手工的乐趣。就像莱卡相机和黑胶唱片一样，经典与否，需要与它的替代品来对比。于是，人们从看似陈旧、落后于时代的机械表中发掘出了不同于石英表的美感。而总是需要保养，不那么尽善尽美，也成为了佩戴腕表最大的乐趣。

值得玩味的是，虽然日本人发明了石英表，但是现如今，他们却对瑞士手工腕表尤其喜爱，瑞士许多独立制表人近三分之二的订单都来自日本人。他们将手工制作的腕表比喻成日本锻造大师司马正宗所锻造的刀剑。士郎正宗锻造的刀剑最大的特点是不断打磨，据说他所锻造的每一把日本刀都有 400 万层钢，这就意味着他在锻造过程中必须反复锤炼数百万次。日本历史小说作家司马辽太郎曾这样评论道："他的剑表现了对于完美的绝对意志，因而具备了某种神性。"这种所谓的"神性"，同样也隐藏在一块上好的机械腕表之中。

在英国教授彼得·柯文尼做著的《时间之箭》中曾说道："宇宙在时间上普遍地、单向地前去，朝着一个更大熵的可能状态，在这个过程中，滔滔涌出细巧有序而瞬息而逝的生命图案。"能够在不变的法则中不断散发出生命的气息，像机械腕表一样忠于传统、历久弥新，这应该就是经典之美的根源吧。

经典六类腕表
鉴赏镏金时光

腕表并不像时装或者首饰，有很大一部分受制于当季潮流。在钟表世界，经典似乎更值得歌颂：经典品牌、经典设计、经典功能都可能令一只表收获更多的关注。手表并非小物件，更不乏一掷千金的作品，买哪些？怎么买？这些都成为消费者关注的焦点，因为它并不仅仅是你的财富展露或者身份象征，更演变为个性符号，与你完美融合在一起。一只经典腕表，具备保值或者升值的个性，其优质的特性更可以在社交场合助你一臂之力，最最关键的是，它像玉石一样，跟你越来越亲近，将品牌内涵与佩戴者的个性糅合，成为你的精神象征和个性代表。这，应该是人与表最为日久生情的经典模式了吧？

一、投资型腕表消费市场最关注焦点

以消费者的角度来看，花钱买东西，不求赚了但求不赔，特别是腕表这样的"大件"。所以在表店里碰到的十个持市观望的消费者中有八九个都要问："这个表是不是保值的？"——这，就是大家消费钟表时的心理：我已经掏了这么多钱，即便不打算再卖出去，但如果买回去年年贬值，终究还是不爽的。所以，很多人对于"经典"的个人定义就是——它的价值应该早已被时间和口碑所证明，是不是可以升值倒不是关注重点（当然，可以的话会令人更加雀跃），在当下，它是可以保值的经典款式和品牌就足矣。

他们的消费思路：升值不是重点，保值最为关键。

1、豪雅（TAG Heuer）
摩纳哥 V4 玫瑰金款

它的特色：前卫的设计思路，革命性的传动系统。

摩纳哥 V4 最初亮相于 2004 年的 BaselWorld，不但设计非常大胆新颖，而且在全球范围内率先采用了传动效率出众的机械带式传动系统及线性上弦系统，当时就技惊四座。这款新表沿用了 V4 系列前卫的内部构造，美观的黑色涂层与表盘上雕刻的白色"V4"和"TAG Heuer"字样完美辉映，专利传动装置和上弦皮带则采用了专为这一新款时计开发的高科技白色聚合物，黑白搭配呈现出了鲜明的对比效果。这只全球限量发售 60 枚的摩纳哥 V4 玫瑰金腕表已经获得入围日内瓦钟表大赏"最佳设计奖"，相信这只真正的"设计为功能所用"的腕表很快就能虏获全球消费者的心。

2. 宝珀（Blancpain）Villeret 系列
月相盈亏腕表

它的特色：最古老的腕表品牌之一，钟表作坊年代的高超手艺。

历经 30 年，圆形双表圈设计、罗马数字时标和低调内敛的 Villeret 今年创造多款新品迎接宝珀 275 周年，最受瞩目的当然是全历月相盈亏腕表，除了上述特色之外，这只表配有长达八日动力储存的 6639 自动机芯，白金表壳＋珐琅表盘，手艺都在细微之处，为了遵循"当表盘上出现三根以上的针时一定要区别于直线"的 18 世纪的古老制表传统，表盘上使用蓝钢蛇形指针指示日期，太有复古味道了！

3. 伯爵（Piaget）Emperador
白金镶钻万年历表

它的特色：珠宝镶嵌与制表工艺的最佳结合。

哪怕你并不懂表，看到这只表的阵势，也应该知道它来头不小吧？它是为了纪念伯爵 130 年来从第一只表做到第 100 万只表的独特限定之作。为了庆祝品牌第 100 万只腕表的诞生，伯爵执意由第一个男装系列——Emperador 表款推出艳惊四座的伯爵白金镶钻枕形万年历腕表，来彰显它在珠宝镶嵌和研制优异机芯两个领域的造诣，是品牌荣耀的记录。所以，还需要说更多吗？

4. 百达翡丽（Patek Philippe）
Ref.5726 腕表

它的特色：超级品牌的年轻化之作，非常灵动。

贵为钟表界的超级品牌，每一只表都经过精雕细琢，绝不盲目出厂。非常喜欢这只表，在设计上别具一格，在 PP 自己的产品中也算是辨识度非常高的作品之一，而且它是首只拥有年历的 Nautilus 腕表。不锈钢表壳＋鳄鱼皮表带，不会像贵金属那样让人小心翼翼，不敢在工作之外的场合佩戴。时尚、年轻化、优雅、实用……适合任何人选购。

5. 宝齐莱（Carl F.Bucherer）
马利龙万年历表

它的特色：实用、大气，最适合商旅人士。

非常适合商务范儿男士，也是宝齐莱非常经典的一款作品。这只马利龙万年历腕表分别在 9、12、3 点的位置放置星期、月份、日历，而且玫瑰金材质的选用和镂空表针的

设计也别具一格。最独树一帜的设计在于六点位置立体倒数月相,不但非常别致,而且让面盘的均衡度大大提高,非常讲究美学的设计。

6. 劳力士(Rolex)迪通拿系列腕表

它的特色:性能杰出,长久发挥稳定。

还用再多说吗,超级品牌的超级系列迪通拿从 2000 年起就开始配备完全由劳力士设计和制造的全新机时机芯,机芯内带有 parachrom 游丝,抵抗冲击和磁场,具备 72 小时储能时间,防水 100 米。与赛车关系紧密,可以测量耗时和平均速度。设计也是劳力士惯有的优雅与动感之间的朴实耐用。无数体育明星是它的拥趸,赶快买来吧!

7. 百达翡丽(Patek Philippe)
Ref.5960P 腕表

它的特色:带有现代改良的经典之作。

这只运动计时表,在 2006 年推出以来就成为品牌最畅销的款式之一。现在它的机芯经过了更为现代的改良式设计,更加美得摄人心魄。抛光的铂金表壳与哑光蓝色日辉纹表盘让它非常年轻有朝气,功能上非常实用可取,这就是超级品牌的人文关怀,哪个方面都不能放手,事无巨细。

8. 积家(Jaeger LeCoultre)
Reverso Duetto Duo 双面腕表

它的特色:翻转表盘独此一份,机芯研发名列前茅。

每次推荐表款必荐的 Reverso 翻转腕表,都觉得非常奇妙,一个表两个面,一面配合日装初入 OFFICE,一面配合晚装玩转儿派对酒会。只需要你轻轻向侧面一推,就可以实现翻转的功能,好像买了两只表一样省事儿。更何况积家在制表技艺上的不断探求和开发,绝对可以让你抛弃这只表"徒有其表"的想法,真心欣赏它的每一处设计和用心。

9. 万国(IWC)大型飞行员万年历腕表

它的特色:斯文品牌的另一面,太值得期待。

飞行员系列历来就是万国表中非常受男士喜爱的一个系列,也参演过多部电影,成为男主角的标配。这加大款型飞行员万年历腕表,直径竟然达到 46 毫米以上,黑色大表盘与橙色指针和刻度相间,让本来斯文雅致的万国表又多了阳刚的霸气,搭载全球最大的自动机芯,7 天储能,独一无二的四位数字年历与南北两半球月相非常实用。这么豪气的一款表,你敢挑战吗?

10. 欧米茄(Omega)
海马系列外滩 19 号纪念腕表

它的特色:最受国人追捧的品牌之一,限量款式意义深远。

也是前不久才面世的纪念版本,纪念的是斯沃琪和平饭店的欧米茄旗舰店开店。这款表与 1956 年的海马腕表一脉相承,但在形象上更加的复古优雅,大量地选用 18K 黄金材质,与黑表盘特别搭。另外,这只表搭载的同轴擒纵机芯也是一大亮点,绝对意义上的内外兼修。

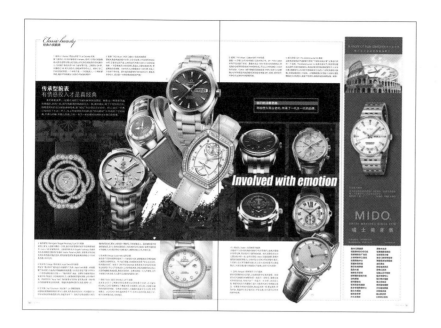

二、初次入手型表款

在买表这个问题上，不分年纪大小，都要迈出自己的第一步。曾遇到很多打算买表的朋友，年龄从 20 到 40 不等，职业更是五花八门，而买表的理由有奖励自己升入大学的、有送给男朋友庆祝升迁的、还有鼓励自己捞到人生中第一桶金的……所以他们的要求自然各不相同："朴实耐用""不要花太多钱，样子经典就好""想要金色的""有没有那种电子和指针共存表盘的？"……对于他们来讲，这就是他们的需求，可能你会觉得不够 20 万不算经典或者要贵金属才最好，可是人生中的"第一次"经历，难道不比任何其他的因素都让人铭心刻骨吗？

1. 古奇(GUCCI)
Marina Chain 腕表

运用在 GUCCI 各种产品线中的船锚链细节诞生于上世纪六十年代，灵感源自创始人 Guccio Gucci 的佛罗伦斯主顾们所钟爱的另一种休闲运动——帆船，一经采用开始便在全世界声名鹊起。这只表带有 GUCCI 由始至终的摩登都市感，性感之余非常优雅，黑＋金的搭配非常的经典，再配以上下两道的细小钻石，无论礼服还是正装，它都将你心底的那一面展露出来。

2. 天梭(TISSOT)
力洛克系列计时腕表

就好像说任何一个腕表系列的名称来源都有点意思一样，力洛克腕表诞生于天梭庆祝品牌 150 周年的 2003 年，取名自天梭的诞生地，搭载 7750 Valjoux 自动上弦计

时码表机芯，走时精准稳定。沉稳的黑色表盘，鳄鱼皮纹棕色表带，配以粉金 PVD 镀层表壳，气势上绝对够劲儿。再看功能：计时码表、月份日历，整个儿一个多面手，买它就是赚到了！

3. 康斯登(Frederique Constant)
心跳系列女表

绝对是双关语的系列名称，却让人一下就记住了这个在设计上非常独特的女表系列。腕表面盘在 12 点的位置"开芯"，搭载着别具特色的镶钻饰边 LOVE 镂空窗口，可以轻而易举看到机芯内最重要结构——跃动的腕表擒纵器。这个设计非常巧妙，不但真正为功能所用，而且给整只腕表都营造出浪漫典雅的情怀，一定少不了女性消费者的青睐。

4. 依波路(Ernest Borel)
波莱尔系列腕表

与布拉克所营造出的典雅与正式不同，依波路波莱尔系列腕表带给人的观感集中在"浪漫"之上。它搭载厚度只有 6.5 毫米的自动机芯，不但有效地降低了表壳的厚度，而且把繁复的机械结构转换成一种视觉美感，不锈钢表壳＋闪亮圈钻＋鳄鱼皮带，戴出的是一份不容忽略的品质感。

5. 卡尔文·克莱因(Calvin klein)
District 系列腕表

CK 表有非常多的拥趸，从大学生到职场新人，从 OL 到金融界，堪称通吃的品牌。这只今年的新表特色在于

不对称的外形，线条感强烈，非常时髦。在瑞士的时候看到了实物并且戴在手上比划了一下，非常酷，应该算是 Unisex 款式、男女通吃的。相信也一定可以成为 CK 腕表产品的销售长红款式！

出产的古董 Ball Watch 8 日动能储存怀钟作为创作灵感，设计上古典优雅，最吸引人的是品牌在小时刻度上装载 Ball Watch 的自体发光微型气灯，使其具备无可比拟的夜读性能，大赞特赞！

6. 康斯登（Frederique Constant）
MAXIME HEART BEAT 月相日历腕表

跟上面的心跳系列一样，这只男表也在 12 点的位置透视出机芯跳动之美，但与女表主打浪漫不同的是，它在设计上更为别致和文雅，表盘中央装饰有"guilloche"纹路，6 点钟为月相显示，指针型日期显示则环绕整个表盘，除此之外，再无多余累赘的设计和功能。对于职场男性来说，绝对不过不失，有样貌、有功能，一切刚刚好。

7. 雪铁纳（Certina）
冠军系列女表

雪铁纳的表，基本上跟运动和速度都脱不了关系，男表都极其阳刚威猛，正到不行。这只冠军系列的女表，配备高防损和高强度的蓝宝石水晶玻璃表面，防水深度达到 100 米。当有防护的表冠和蝴蝶扣的皮表带都是为了缓解在极速中对于腕表的冲击，珍珠贝母表盘中和掉了运动感，风格上适合正式场合，休闲时佩戴也绝不突兀。

8. 波尔表（BALL）
Trainmaster Cleveland Express 系列腕表

波尔表创建了美国统一的铁路时间，这样你就知道了它对精确度该有多高的要求了。这只新表是以 1930 年

9. 艾米龙（Emile Chouriet）
公主号腕表

有谁能拒绝拥有这样名字的女表系列？事实上，艾米龙这个系列的女表通过独特的椭圆形设计，配合精湛的制表工艺，将 K 金、钻石、玛瑙、珍珠贝母等奢侈元素巧妙和谐地融为一体，再辅以油画一样鲜艳明快的色彩搭配，使其由内而外散发出优雅的气质，也充分表明了"流线翼形"就是艾米龙表的灵魂以及其价值所在。

10. 天梭（TISSOT）
唯意系列腕表

你看这就是天梭的多变与贴心之处，它的产品线非常的宽泛，拥有不同需求的消费者都能在这里找到适合他们的腕表。这对儿唯意腕表的英文名称是"T-One"，寓意两个恋人合二为一，如果仔细观察会发现男款和女款在设计上不尽相同，男款多了星期显示，日历显示的位置也由女款的 3 点钟位置到了 6 点钟。全部精钢材质，手感和质感都非常好，如果是刚上班的情侣，一人一只蛮搭的！

11. 依波路（Ernest Borel）
传奇 III 系列腕表

对这个系列印象最深，可能就是因为它搭配陈慧琳的

宣传照实在让人不会错过，每次露面必以对儿表的形象示人。崭新的传奇 III 系列对儿表将几何艺术与时尚理念完美结合，第一次采用了正方体弧形转角设计，算是阳刚中带了一丝柔美，表面荡漾的波纹象征浪漫的恋爱情怀，无论男女，都无法抵挡。

三、高辨识度型腕表

必须要承认的一点是，腕表在社交场合对于人的影响，这并不是说"看表识人太过于表面"，而是真正经典的腕表会让人一眼望穿，成为你开口前的另外一张名片。它可以制造"话题"，成为职场和社交中非常得体的谈资。别看这"一眼辨识"，它要求的是表成为佩戴者的个性符号，也要求腕表本身有极高的曝光率，不但内行人对它了如指掌，即便走在街上的普通人也大概觉得它"眼熟"，给予好评。其实这种购表心理应该是对于"经典"最为通俗的表现形式，就是"花钱买表一要让它配我，二要让大家都知道它的价值"，这就是你的需求，至少在你心目中它就是最经典的。

1. 香奈儿（Chanel）
Premiere 系列女装腕表

第一眼你会看到:芳登广场形状表盘。

与 J12 略带中性的气质不同，Premiere 系列腕表以巴黎芳登广场的形状雕刻表壳，在设计上就已经拥有难以超越的优雅姿态。它非常小巧，表盘周围镶嵌一圈钻石的款式最让人过目难忘，表带的设计是链条带，与香奈儿著名的包袋设计如出一辙，精钢与高科技陶瓷交相辉

映，带来全新的触感与质感，是香奈儿女郎的 must-have item！

2. 香奈儿（Chanel）
J12 系列腕表

第一眼你会看到:标志性的同心圆设计和整表的高科技陶瓷材质。

不得不说时尚帝国香奈儿打造出的每一件作品都有让人过目难忘的特质，J12 之前，Premiere 尽显女性优雅精致之美，到了 J12 笔锋一转，这个以帆船命名的腕表系列果真自此之后让香奈儿扬帆远行，在腕表之路上越走越远，经典的表盘设计，高科技陶瓷的运用，以及香奈儿最擅长的优雅气质，J12 每年都有新成员加入，从诞生至今长红不衰。

3. 爱马仕（Hermes）
CLIPPER 腕表系列

第一眼你会看到:爱马仕的象征色——橘色。

Clipper 得名卓越而又容易操作的三桅帆船 Clipper，整个系列在 1981 年首度面世，创作兼具高贵精神与运动风格的高级腕表。今年，多款 Clipper 腕表诞生，从正装表到潜水表都是既阳刚又低调，这只潜水表的表带采用橡胶，颜色处理是爱马仕的代表色橘色，即便你深入海底都不可能错过这一抹鲜亮。

4. 浪琴（Longines）
L990 腕表

第一眼你会看到：专属浪琴的优雅。

优雅中的优雅典范，浪琴在中国消费者心目中的压倒性胜利就在于它能长期坚定地将优雅进行到底！这只专门为中国市场制作发行的 L990 腕表，只在中国发售 1000 只，具备典型的亚洲人热爱的要素：39mm 直径不大不小，18K 玫瑰金表壳高贵典雅，日期显示位于 3 点的位置，再无其他多余累赘的功能，清爽简单，不失气质。

5. 宝齐莱（Carl F.Bucherer）
柏拉维 EvoTec DayDate 腕表

第一眼你会看到：独一无二的大枕形套小枕形表面。

宝齐莱在 2008 年推出自行研制的第一款 CFB A1000 自动上链机芯，除了特殊的双向上链圆周自动摆砣外，还有取得专利的避震器和擒纵微调装置设计，品牌特别为这里程碑式的杰作挑选了柏拉维系列来搭配。星期日历腕表设计依然为浑圆的枕形表壳，6 点的小秒针巧妙地与表壳形状如出一辙，9 点位清楚地显示星期，表盘左上方的大日历显示十分突出，再加上简洁有力的商务范儿，这只表堪称内外兼修。

6. 百年灵（Breitling）
Navitimer 航空计时腕表

第一眼你会看到：环形飞行滑尺刻度圈。

一个沛纳海入海，一个百年灵升空，它们俩与意大利空军和海军之间的关系密切。这只百年灵的航空计时腕表是第一只搭载 100% 原厂自主研制的机械计时机芯的表款，它代表了品牌多年来作为"专业人士腕上仪表"的质量承诺以及对精准性和可靠性不懈追求的至高成就。尽管你可能并没有小型私人飞机或者对飞行这事儿还不是特别了解，但绝不妨碍你把玩此表，它的专业性和趣味性一定会让你喜出望外的！

7. 宝蔓（Balman）
蔓藤花纹腕表

第一眼你会看到：缠绵于表盘之上的蔓藤花纹。

女装表最多的是以钻石点缀，宝蔓却避开这点，为自己找到了另外一个易辨认又极端浪漫的标志——蔓藤花纹。所以你可以看到，无论是圆形、桶形，还是镂空的腕表之上，都蔓延着浪漫又优雅的蔓藤花纹，特别是与今年很热的精钢材质搭配在一起，带给我们的只有无尽缱绻的柔情和优雅气质。

8. 万宝龙（Montblanc）
维莱尔系列 1858 复刻腕表

第一眼你会看到：极其复古的表盘设计。

除了无与伦比的书写工具，这两年万宝龙在高级钟表的领域做得风生水起，尼古拉斯凯世计时表、"表脸"表……都成为业内外关注的宠儿。这只维莱尔系列的复刻腕表非常复古，表盘带有各种细致的刻度，绝对的顶级计时表风貌。表盘与其他该系列产品一样，以大明火珐琅技术制作，实金底板铺上珐琅粉置于摄氏 800℃的窑内烧制而成，每一点细节都是精雕细琢的大家风范！

9. 宇舶（Hublot）
King Power Ayrton Senna 腕表

第一眼你会看到：橡胶表带、铆钉装饰的表圈。

钟表新贵宇舶，以表圈内并不多见的极阳刚之气吸引了无数热血男儿买家。它擅用橡胶材质，而且多与运动、速度相关联，极得爱车之人喜爱。Big Bang 塞纳表 2007 年亮相，2009 年东京推出的 Big Bang 塞纳闪电追针计时码表以为继，广受追捧。王者至尊埃尔顿·塞纳是一款带动力存贮显示的分秒计时器，做工非常精致，功能极端强大，使用一系列来自 F1TM 的高科技材质，其中很多都是首次在制表行业中应用，绝对是集设计与功能为一体的腕上良伴！

10. 摩凡陀（Movado）
Datron 系列腕表

第一眼你会看到：博物馆表盘。

说到一眼辨识，摩凡陀绝对可以冲进前三甲，著名的博物馆表盘太著名了，谁人不识？可这次咱说的不是那个黑表盘＋正午圆点的著名设计，今年新款运动表 Datron，延续 1970 年该款腕表的设计特色，搭载瑞士计时机芯，计时分针盘、时针盘和秒针盘与主表盘相互辉映，具备强烈的视觉平衡美感。虽说博物馆表盘让人过目难忘，但 Datron 系列腕表一样以出色的设计特色吸引大批摩凡陀 Fans 前来捧场。

11. 雷达（Rado）
Centrix 系列腕表

第一眼你会看到：整块黑色陶瓷上的简约时间。

作为几乎最早被中国消费者熟识的品牌之一，雷达多年来一直以自己擅长的陶瓷材质和极简设计在腕表领域闯出自己的一片天，而且一直做深、做精。Centrix 系列腕表具有最纯粹的晶莹剔透、浑然天成的圆环表盘设计。这只自动机芯款造型流畅，搭配银质装饰，腕表采用的渐缩型表带温柔环绕于腕间，别具风格。这种灵动简约的设计就是让佩戴者充分感受细致舒适和温润质感。

四、"精而量少"型腕表

在对于手表追寻的路上，有刚入门者就有高段位的消费者，他们经历了第一只表到第 N 只表的购买过程，好比爱情一样，已经深知自己到底要找什么样的"伴儿"。浮夸的不要、太过张扬的也不要、华而不实的入不了眼、设计与功能脱节的也不行……所以他们将眼光放在以"低调内敛"为自己座右铭的品牌上，价格并不一定要贵，设计也并不是说多么引人注目，可就是有自己的特色，除了内敛之外，还有一些小众的钟表品牌，无一不是别具特色，让人耳目一新，是冉冉升起的新经典。

1. 尚维沙（JeanRichard）
TV Screen Minute Repeater

带有"教堂钟声"报时装置（这个创意使得这款腕表的打簧声比其他报时腕表更为突出），而且每一个细节都精雕细琢，表底盖是水晶全镂空的，18K 白金表壳，人手雕刻波浪条纹，原装皮带的细节是方形皮纹。你能想象它的定价超过了 300 万元吗？这就是钟表的魅力所在。

2. 雅克德罗（Jaquet Droz）
GRAND SECONDE SW 红金腕表

"8"是雅克德罗的品牌灵感，基本出现于品牌的任何一款作品当中，成为招牌表情。红金在这只高级运动表中出现，不仅用于表壳，亦同时用于线条华丽刚阳的 3D 表盘环上。闪烁的红金凹槽表圈设计自信满溢，金属板、空心角、指针及折叠扣的光亮表面均与哑光的黑色橡胶表带形成强烈对比。你真的会戴它去运动吗？

3. 芝柏（Girard Perregaux）
"歌剧院一号"三金桥陀飞轮腕表

著名的"歌剧院一号"腕表，只陀飞轮就已经世人皆知，还伴有采"西敏寺"三问四锤音响铃三问功能，其设计灵感是源自于举世闻名的英国西敏寺 Big Ben 铿锵优雅的乐声。以四个轻巧响锤"mi, do, re, sol"敲击出时、刻、分，宛如天籁，取名"歌剧院一号"就是说它的声音可媲美歌剧院中高亢和谐的乐声，难有敌手，对不对得起 500 万元的定价自然是见仁见智的事情。

4. 康斯登（Frederique Constant）
萧邦系列限量腕表

2010 年是萧邦诞辰 300 周年，向来与文化艺术脱不了关系的康斯登推出了 2010 年限量版萧邦腕表。非常简洁和质朴的设计，却流露出极其高贵和典雅的气质，非常复古。品牌将腕表盛于萧邦小型钢琴木盒内，非常讲究，而且有不锈钢及包金两种材质的表壳以供选择，很贴心。

5. 萧邦（Chopard）
L.U.C Engine One Tourbillon 陀飞轮钛金属腕表

谁说萧邦只有首饰？它的腕表系列，个顶个的优++，今年品牌创立 150 周年，这只陀飞轮钛金属腕表就是礼物之一，象征品牌与汽车的跨界成就。陀飞轮机芯被安装在静音块上，因而能够承受震荡，独特形状的表面刻有全新 L.U.C 系列的黑色小时标记。黑色鳄鱼皮表带手工缝制，模仿经典赛车座位的纹理，将每个细节照顾得刚刚好。

6. 真力时（Zenith）
ChronoMaster Open 旗舰开心 40 周年纪念表款

到去年为止真力时家著名的 El Primero 机芯已经走了 40 年了！当时这款带有浓烈设计风格新复古系列纪念腕表被隆重推出，在表盘上 El Primero 的标志位于 7 点钟的位置，代表这款腕表的机芯摆轮震频可高达 36000 次／小时，能将计时精确到 1/10 秒。表盘由一根独特的光线条十字贯穿，银色麦穗纹成为其 40 周年的标识。

7. 美度（Mido）
贝伦赛丽 III 男款腕表

喜欢美度的原因在于它真是低调，干干净净、清清爽爽，就是这只贝伦赛丽 III 男款腕表的中心思想。天文台认证机芯，直径 39mm，罗马刻度韵味盎然。最最内敛的设计在于表冠，那么一点点，几乎隐藏于线条柔和的表盘之中，没有杂念说的是一种人，但美度表就是这样的性格。

8. 爱彼（Audemars Piguet）
Jules Audemars 超薄腕表

早在 1967 年，爱彼创造了就当时来讲最纤薄的自动上链机芯 Cal.2120，厚度仅为 2.45 毫米。今年 Jules Audemars 系列从当时搭载 2120 机芯的 5271 型号腕表汲取灵感，创造出全新的超薄腕表。线条简约且富有现代感，最重要的是你还能通过蓝宝石水晶透明底盖欣赏到 1967 年原创机芯的隽永美感和精准走动。整个表壳的厚度才不足 7 毫米，戴上的感觉会不会如若无物呢？

9. 江诗丹顿（Vacheron Constantin）
传承系列万年历腕表

擅长制表技艺的江诗丹顿总是我们谈起万年历这种

传统复杂功能时脑袋里第一个冒出来的品牌。这只表同时具备万年历、陀飞轮、时间等式、14 天动力储存显示等超复杂功能，单拿出哪一项那都是要有巧夺天工的技艺才能完成的。天价也只有 10 只，买得起还要戴得起。

10. 艾美（Maurice Lacroix）
奔涛系列限量版偏心月相腕表

有的时候你看到一只表，眼光就很难被移开，倒不是说它读时间的方式有多特别、多吸引人，而是那种在设计上所遵循的美学原则绝不是人人可以信手拈来的。艾美的奔涛偏心腕表就是这一类——机械与建筑美学的完美融合。新表依然维持偏心的美妙设计，时间显示却不再局限于传统固守的空间，各项显示功能新颖地安排在 10 时、4 时和 6 时位置。10 点位置单根指针指示分钟，小时则显示在逐格转动的圆盘上。4 点位置两个圆盘交错显示月相和昼夜，6 点位置展示时间。功能简洁，设计出彩，光彩难掩！

五、传承型腕表

表的最高境界，一定最忌讳把它当做机械物件或摆设。腕表也一样是有灵魂和情感的，时间一长，就与佩戴者的情感融合为一身，难舍彼此。除了个性符号之外，腕表更深刻的含义是继承和传承，是"战友"和分享心灵的伙伴。所以，也许一只表已经经历了不止一代人，身上带着硬伤和刮蹭，但"时间磨砺"反而成就了它的经典，不那么闪耀、不那么昂贵，只有一年又一年的复刻与翻新诉说着它的故事。

1. 香奈儿（Chanel）
花线山茶花 Fil de Camelia 腕表

除了著名的 J12 系列腕表和 Premiere，香奈儿以象征着品牌的山茶花造型勾勒出的花线山茶花珠宝腕表则非常的香奈儿，它的整个表壳采用 18K 白金材质打造，上面缀有 338 颗、总重超过 3.8 克拉的钻石，丝缎表带非常女人。香奈儿这三只标志性的表款，一个中性干练，一个优雅迷人，一个则妩媚华贵，满足不同性格女人在各个年龄段的需求！

2. 豪雅（TAG Heuer）
林肯 Calibre 6 自动机械腕表

豪雅的表越来越好戴与实用，它在运动表之外也有很多适合休闲、正装场合的产品，比如说这只林肯 Calibre 6 自动机械腕表，Y 字型表链设计非常独特，面盘之上镶有直线纹路，质感看起来非常棒。小秒针和大日期叠放在 6 点位置，除此之外非常干净利落。最中意的就是指针和时刻的设计，看起来非常给力，感觉每一分钟的跳动都极具气魄！

3. 帕玛强尼(Parmigiani)
Bugatti Faubourg Type 370 腕表

视觉上就让人应接不暇的一只表，始于四年前帕玛强尼与世界最快跑车 Veyron 16B 的紧密合作。全新系列命名为 Bugatti Faubourg，灵感来自从头到脚经过爱玛仕包装的 Veyron Faubourg 跑车，证明其与汽车制造商共享优雅价值的选择，明亮的驼色调玫瑰金腕表恰好暗合今年时装主题，非常拉风。

4. 欧米茄(Omega)
海马系列 Aqua Terra 系列腕表

听名字"海马系列"就知道与水脱离不了关系，Aqua Terra 腕表一样是搭载了欧米茄久负盛名的同轴擒纵系统装置，与水的关系在于整个系列中一个非常抢眼的设计元素——"柚木概念"表盘。如果你仔细端详就会发现分布于表盘之上的垂直纹理，令人联想到的是豪华游艇上的木制甲板。而腕表系列"Aqua Terra"指的就是水与陆地，意思是这是一块在海洋或陆地都表现出色的腕表。表盘还有多种材质可以选择，值得一试。

5. 宝齐莱(Carl F.Bucherer)
柏拉维 T-24 酒桶型腕表

这款柏拉维酒桶型腕表非常讨人喜欢，首先是全白的设计，天知道多少女性在买表的时候都选择白色，简直太抢手了！珍珠贝母表盘搭配 9 颗闪耀的钻石刻度，再加上表壳的一圈钻石，非常优雅迷人。最关键的是它搭载机械机芯，在 12 点的位置有第二时区的时间可以查阅，极其方便职场女性佩戴，6 点位置还有动力储存显示，提醒你随时上表，有备无患！

6. 欧米茄(Omega)
Ladymatic 女表

欧米茄对 Ladymatic 的形容是"你从没见过的、欧米茄的女表"。诞生于 1955 年的 ladymatic 腕表是专为女性研发的自动上链表款，所以它不但在设计上非常别致典雅，而且其搭载的机芯核心正是同轴擒纵系统装置，表现非常优异。如果你想找一只内外兼修、又不太张扬过分的女表，它正是不应该错过的最新之选！

7. 帝舵(Tudor)
骏珏 DOUBLE DATE 腕表

渐渐走出劳力士侧影的帝舵表更加大胆和勇于创新，这只骏珏 DOUBLE DATE 腕表糅合了舞蹈中探戈妖媚诱人的元素，对线条和细节的把握非常精细。它将金与钢结合，在表链和表盘中交互出现，非常有看头。大日历与小秒针遥相呼应于 12 点和 6 点的位置，除此之外，再无任何累赘功能，非常简洁。

8. 豪雅(TAG Heuer)
Calibre1887 计时码表

Calibre 系列不但沿袭了杰克·豪雅先生在 1964 年设计的优雅典范，而且融合全新导柱轮自动计时码表机芯，可以让计时码表在 2/1000 秒内启动。Calibre 1887 配备的高效能发条 (HER) 系统比大多数瑞士计时码表的传统间歇式系统能多传输 30% 效能，绝对是无可争议的全球计时码表领导者。

9. 格拉苏蒂(GO)
PanoMaticCounter XL 腕表

这款来自德国的严谨腕表又带给"不想总买瑞士表"的表迷们另外一个选择。PanoMaticCounter XL 腕表非常大气，而且可以看到在创作过程中极具想法，黑底红数字的双位数视窗位于 9 点钟位置，佩戴者可以利用在不锈钢表壳左边的三个按把来操作计数器，实现加减归零三个功能。计数器视窗正对面的 3 点钟位置是醒目的大日历显示，是属于实用的、脚踏实地的制表品牌。

10. 卡地亚(Cartier)卡历博系列腕表

卡历博系列腕表个性非常英气，机械方面绝对非常过硬，亮点是对于细节的把握。我们觉得它在设计上更加的中性一点，也符合现在 unisex 当道的趋势，表壳和表冠的连接浑厚有力，小秒针在 6 点钟以阿拉伯数字显示，9 点到 3 点以罗马数字点缀，在 2 到 4 点的位置可以查阅最近三天的日期，整个表就是大气经典，适用于任何款型！

11. 宝玑（Breguet）

传承系列 5157 腕表

极其低调奢华的宝玑表，从来都是欧洲王室的挚爱。特别是宝玑与拿破仑的惺惺相惜一度成为一段佳话，拿破仑极其热爱宝玑表，向来主张"一手战刀一手文明"，他出征之前，都要请宝玑为其量身打造几只腕表和旅行闹钟戴在身边。你看最为传统的宝玑表，就如这款表一样：黄金表壳、罗马时刻、表盘中心有大麦压纹，非常古典，绝对是可以传承的表中经典。

六、灵魂型腕表

无论在什么时候买表，消费者最关注的就是"经典款"。何为经典款？它的最重要特质就是品牌深具内涵，不再只是单纯的一个腕表生产者和提供者，更已经从产品的层次跳脱出来，以"品牌性"亮出自己。在每一个系列、每一个款式后面都有非常耀眼和引人深思的故事和由头，这样的腕表不但让人印象深刻，而且极具话题性，无论走到哪儿，都会涌来大批粉丝，自己就是自己的代言人。具有好内涵的腕表单品，并不以价格贵贱分类，它们在人格上都是一样平等的，打动我们的，不过是腕表的"内在情感"和"内芯"，当然，如果可以跟你产生共鸣，那更是每一个购表者求之不得的事情。

1. 英纳格（Enicar）

328 系列腕表

1956 年佩戴着英纳格腕表的瑞士登山队，首次在尼泊尔山区雪巴人的向导下成功登上世界绝顶高峰珠穆朗玛峰。英纳格为了纪念这一次登顶，将其坚韧耐劳的运动腕表称之为"雪巴系列"，代表着其不屈不挠的"攀登者"精神。这个系列的腕表，具备出类拔萃的技术水准，即便在绝对严峻环境下依然能够保证精准计时。

2. 英纳格（Enicar）

128G 系列

从爷爷奶奶那个年代就得到认可的英纳格，这几年虽然开始进行大规模的品牌建设，但对产品的质量依然严要求。这只 128G 系列女表就是典型的"英纳格范儿"，设计非常简洁，表壳浑圆有力，玫瑰金钢壳配以蓝宝石玻璃表面，优雅大方。这种表就是为 OL 而作，性价比高，拿得出手，第一次购表应该重点考虑。

3. 英纳格（Enicar）

328 系列腕表

不得不说英纳格的腕表系列灵感来源非常宽泛，328系列来自成功登顶珠穆朗玛峰，这只的概念则沿自英国第二大城堡——斯菲利城堡。就像这座由两条护城河双重包围着的城堡一样，这只腕表以圆形的表壳配上双层表圈，罗马数字标出时刻，极具古典品位；特别是还具备 GMT 两地时间的功能，从设计上到功能上都绝不掉以轻心。

4. 飞亚达（FIYTA）

凯旋系列腕表

去参加深圳国际钟表展的时候发现飞亚达所走的路线真的是国产品牌中较为国际化的，小到一个背景板，大到一个系列的腕表创作，都是多方调研后融入自己的想法。凯旋系列是古天乐代言飞亚达腕表的第一个系列，如果你见到实物，就会发现它在造型上以分明的棱角勾勒出硬朗气质，要表达的就是凯旋者方寸之间运筹帷幄的从容气魄。自动机械机芯、不锈钢表壳、夜光表针，佩戴起来非常贴合手腕。

5. 精工（SEIKO）

Ananta 系列 Spring Drive GMT（两地时间）腕表

系列名"Ananta"在梵语中意为"无极限"。精工表的研发小组接受了一个任务，就是以"无极限"为名，可以选用任意机芯甚至创造一款机芯，来创制一款腕表展现品牌的愿望——拥有"世界上领先科技的制表工艺"。所以，Ananta 系列的诞生就是代表精工对极致完美之无限追求的系列。Spring Drive 机芯、日历两地时显示、72 小时储能，基本上它完全摒弃华而不实，只提供你真正需要的。

6. 依波路（Ernest Borel）

布拉克系列腕表

以 20 世纪初期法国著名艺术家布拉克命名的男表系列，是将"立体主义"的概念发挥得最彻底的腕表。如果你仔细观察，会发现这款表利用光与影的原理，通过多角度放射形条纹营造出一个色彩鲜明、线条典雅的二维空间，18K 玫瑰金和不锈钢交错的表盘和表面非常典雅，适合上班与一切正式场合。

7. 天梭 (Tissot)

典藏 1941 复刻限量版

时髦、优雅、运动、容易打理、质量不错、性价比高……只要你能想到的关键词，天梭都一一帮你搞定。这只复刻腕表保留了 1941 年天梭腕表的经典设计，是天文台认证腕表，而且它还具备测距仪功能，可以测量佩戴者和闪电之间的距离，这未免也太哈利·波特了吧?!

8. 浪琴 (Longines)

威姆斯秒针设置系列

市场定价超过 10 万元、算是浪琴高端产品的威姆斯秒针设置系列腕表，诞生由头是向传奇的威姆斯导航系统发明者致敬。威姆斯上尉早于林白发明出飞行腕表的导航系统，这项发明令腕表透过转动表圈或中央的表面，配合周边的分钟刻度，可以与无线电信秒针同步而无须调校指针。玫瑰金版本的新表正是向威姆斯上尉致敬，表盘直径达到 47mm 那么大，盘面保留中央转动式内圈，古朴而优雅。主要是你会为这个背后的故事买单吗？

9. 美度 (Mido)

指挥官黄金限量版

指挥官系列腕表 50 年了，设计完全没有改变。它的特点在于一体化的表壳没有背盖，采用独一无二的 Aquadura 软木塞密封系统，并且内置的软木塞防水装置使表冠拥有极强的防水性能。黄金版限量就 50 只，欲购从速。

10. 美度 (Mido)

贝伦赛丽多功能月相腕表

同样是以优雅和有内涵而闻名的美度绝对是职场第一只表的好选择，以小提琴曲线为灵感的贝伦赛丽系列腕表，不但线条流畅，而且具备月相、全历、24 小时计时功能，非常大气而实用。

触手可及经典款

在钟表的世界里，像"探 II"这等最寻常之量产表都有如此表现，那么，如果再结合上特殊工艺、特殊功能、贵金属材质以及限量生产等诸多因素的表款，升值能力必定惊人。而且表不是时装，"过季说"很不明显，一些生命力旺盛的经典表款，热销几十年的情况时常出现，即使逐渐远离表店柜台，依然在拍卖会上不断刷新自己的身价。

支撑名表保值升值的基础后文会有详述，你可以认为买表收益远不如炒股、炒房或金融投资，不过，因买表实现的保值增值具有超强的稳健性、长期性，也绝非其他投资消费方式可比。短短几年光景你会惊讶身边的无数改变，相比之下，钟表的世界里，200 年来除了腕表逐渐取代了怀表，其余几乎都是老样子，况且老怀表的价值也没有因为腕表（或称手表）的出现而改变。一脉相承的制作工艺、评判标准和制造企业，让越发不安和躁动的现代人觅得久违的内心安逸。相比瓷器、书画甚至汽车、房产等投资，钟表收藏可能是占用空间最小的，所以说，其实你很容易让家里的一个抽屉变得价值千万。

好表四原则

"好表四原则"，只要你按照这个标准去选表，虽不保你获得增值翻倍之类的收益，但靠一只表实现保值、传家及略有盈余是一定没问题的，而且"四原则"对于所有品牌都很公平，只要完全符合条件的便一定是一只经典名表。

1. 百年名厂最禁得住考验

为何男人普遍喜欢贵一些的手表？因为男人身上可戴的东西着实不多。如果放在十几年前，新兴数码类产品，如 BP 机、手机还能抢夺一些风头。今天即使最新款的 iPad 的电脑顶多引领半年光鲜。这时人们惊奇地发现，当你 10 年前的手机已不知飘落在何方，10 年前买的百达翡丽它依然是百达翡丽，如果使用得当、按时保养，你还可以把这块表传给儿子甚至孙子。即使马上把表卖掉，你得到的钱一定比你当初买表花的钱多。

当今世界，称得上"名表"二字的厂牌，历史都几乎有一百年上下，甚至两三百年。仿佛不足百年，工艺积淀一定是不到位的。我刚刚参观完瑞士著名的伯爵（Piaget）工厂，这座诞生于 1874 年的制表企业在瑞士也非常具有代表性。简单估计，百余年来仅工厂内积累下来的专用工具就值上亿人民币，伯爵一些独有的金属加工效果和特定机芯，一定是要靠一对一的专用工具才能实现的。这方面，岁数小的表厂真的无法胜任。

2008 年之前，我在讲这个层面的时候还要额外提一句："劳力士除外。"因为劳力士 1908 年才正式创立。自 2008 年之后，劳力士迎来百年大庆，我更加坚定了对于一家制表企业是否有百年历史的考量。如果一家表厂本身都没有上百年的历史，钟表还怎么在起码三代人心中同时引起共鸣并加以传承？没有传承的魅力，钟表也就不再是一门艺术了。

2. 尽可能地选择自产机芯

1975 年以后，瑞士高级制表业在"石英革命"的打击下发生了大翻地覆的变化。为了有效控制成本，很多品牌自己都不做机芯了。而瑞士也逐渐形成了一家世界上最大的通用机芯生产商——ETA。到今天，有 85% 的瑞士表采用 ETA 出产的机芯。由于这类机芯通用程度过高，在个性和美感上都并不具备独特性，收藏家们避之不及。所以真正有价值的表款，其机芯一定是自己研发制造的。不过，不少中价瑞士品牌希望从收藏投资类市场中分一杯羹，一方面拿到 ETA 毛坯机芯进行二次加工，再者改换具有厂牌自身特色的机芯编号以迷惑普通消费者。所以，一个人是否了解钟表，机芯知识是关键！

平生所见，唯一称得上是"机芯宝典"的文献资料是 2003 年版的德国《腕表(Armband Uhren)》年鉴，书中史无前例地对 ETA、拉玛尼亚(后被宝玑收购)、FP（后被宝珀收购）三大瑞士中高端通用机芯进行了详述。可能是因为此举一下子戳破了瑞士人处心积虑糊好的窗户纸，之后推出的《腕表(Armband Uhren)》年鉴再无类似内容。从此，2003 版 AU 堪称世纪绝唱。我曾与业内著名的丁之向老师聊过此事，本想推荐几本给国内爱表人提高鉴赏水平用得上的书籍。结果很无奈——没有。而如果让一个钟表初学者去找寻 2003 年版《腕表 Armband Uhren》年鉴，真的比登天还难。

目前提及自产机芯，有一些品牌还是相对保险的，比如说百达翡丽、劳力士、伯爵、积家、真力时、朗格、格拉苏蒂；还有近年在机芯研发方面成果卓著的宝珀、宝玑、江诗丹顿、欧米茄、沛纳海、万宝龙、罗杰杜彼等。当然，在你面对具体一块手表的时候，当你需要判断它的机芯是不是该品牌自产的时候，还是那句话："具体问题具体分析。"

3. 贵金属材质在拍卖市场表现极佳

一般人们一听就心花怒放的"金表"，就是我说的使用贵金属材质的表款。所谓黄金表，并非完全使用黄金制造的表，因为黄金的特性并不适合制造机芯，目前顶级品牌的腕表机芯依然首选黄铜材质。黄金表是用黄金制造表壳以及链带的表，其黄金部分又和人们熟知的 24K 足金

首饰有很大区别。实际上足金不可能用来制造表壳，因为质地过软。被称为"金表"的表，无论它的色泽如何，都是选用一种黄金的合金(占比 750‰的足金与几种不同的金属铸造而来)，这种配比即人们熟知的 18K 金，此材料在西方的珠宝首饰业同样被广泛运用，与东方人酷爱足金的偏好很是不同。

由于贵金属对于人类具有极强的心理暗示作用，特别是金融危机时期在拍卖市场上又表现极佳，加之贵金属与生俱来诱人的温润光泽，故而贵金属材质是好表几乎都会选穿的外衣。这里面说的可都是"实金"，坚决杜绝镀金这种情况。相比之下，如果是镀金和钢表放在一起，我宁愿选择一只钢表。当前世界上各大品牌的贵金属表基本都不能离开以下四种材质，它们共同组成了钟表世界里的贵金属俱乐部。

黄金表——最为常见

表壳大体以 750‰的足金 +125‰的银 +125‰铜铸成，除了 750‰的足金是雷打不动之外，其余金属配比各家表厂都有秘方。由于银和铜在一起的色泽与金很相近，所以再与足金铸成的合金依然保持了黄金的本色，但硬度增加不少。一款通体黄金的手表更是可以打动世界各地的人们。

红金表——又称"玫瑰金表"，最为雅致

表壳大体以 750‰的足金 +250‰的铜铸成，足金含量不变，但由于铜的占比增加，合金色泽略微偏红，故名红金表。当然，每家表厂在确保 750‰的足金含量后，其余添加金属都属于商业秘密，所以不同品牌的红金表色调略有差异。由于红金这种特殊的色泽，少了几分黄金的张扬，表达出更多的内敛，近年来逐渐被人们认同甚至热爱。不过一般的红金表不大适合热带市场，比如，中国香港和东南亚，红金在高温高湿环境下容易长出黑紫色的金锈，虽然这东西用擦金布一类的织物一擦就掉，但是擦金布不是人人都有。再者，毕竟会对表壳的整体美观有少许影响，如若不擦，更是破坏金表的花容。上述问题不会在北京、上海出现，却真实存在。这方面，劳力士走在了业界前面，劳力士会往自己的红金材质中添加约 2% 的铂，以确保红金发色稳定不易生锈，这种红金被劳力士骄傲地命名为"永恒玫瑰金"。

白金表——仍是 18K 金的一种，与铂金完全是两回事

白金与铂金的概念长期被人们混淆，有必要再次着重解释清楚。制表业里的白金仍是黄金的一种合金，其中足金的

占比也依然严格执行750‰的标准，至于另外250‰的金属，那可是白金形成的秘密所在。一般书籍对于这250‰的描写只说是白色金属，殊不知其中还存在两大流派。

一大流派是添加锌，此法呈现出的白金色泽偏灰偏黄，需要在外层镀铑后才能显得光鲜耀眼。但镀铑层日久天长会脱落，表壳一定变得不如原先好看，即使大品牌能保证提供重新镀铑的服务，也比较麻烦。

另一大流派是添加钯，此种做法成本偏高，因为钯本身也是贵金属。但加钯的白金色泽光润、洁白均匀且无需镀铑，免去日后保养的诸多麻烦。

由于业界里有关白金的概念强调750‰的足金占比，所以各大厂商并不会标明本品牌的白金之中是添加的哪一种白色金属；不过，人们掌握相关知识后往往都会倾向后者——加钯白金。铸造白金，无论添加何种白色金属，铸造工艺的难度都很高，所以白金的价格在几种18K金中是最昂贵的，甚至直逼钟表材质之王——铂金。

铂金表——钟表材质的巅峰

珠宝市场上铂金戒指比黄金戒指贵出很多倍，反映到这两种材质手表上，价差仍是相仿的。铂金就是很昂贵，即使经常被误称为"白金"，它与黄金一点关系也没有。世界上只有最珍贵的手表才会选用铂金表壳，售价更是贵得惊人。比如，同款黄金表卖10万元，Pt950材质的就要接近20万元。百达翡丽公司为了方便买家，还在近年所有自产铂金表的6点刻度下方镶嵌了一枚小钻石，十分明显。掌握了此法，准确分辨腕表材质不会出错。

4. 附加功能最考验技术

腕表的基本功能就是显示时间，有两根指针足矣。如果再精确一些就加上秒针，有大秒针和小秒针之分。有些腕表还有日历，可显示当前日期。这些都不是我说的附加功能。不过，从日历往后的腕表功能就是我所谓的附加功能了。你看看世界上凡是没镶一颗钻石却价值百万、千万的表款一定是高复杂功能表，这时，功能成了决定一款表价格高低的重要因素。

比日历窗高一级的功能是"双历"（显示日期和星期），然后还有"全历"（显示日期、星期、月份），不过双历和年历都无法区分大小月和平闰年，使用起来有些麻烦。到了更精妙的"年历"就方便很多，每年只需要在2月底进行一次调校就好，其他月份应对自如。直至万年历，那是不需要你调校的，直到2100年2月底（那年反而不是闰年，为什么不是？你找当年确定公历的那位教皇去）才需要调，不过那个日子今天的大多数人是看不到的。

除了在日历上做文章，月相功能也很有趣，这是用手表再现天上月亮的阴晴圆缺及上弦下弦，比较适合在阴天的时候使用。

双时区功能和世界时功能非常方便经常出国旅行的朋友。计时功能我本人比较喜欢，它可用来当秒表来计时，还可用来测速、测距、测脉搏，简直是个多面手，难怪几乎所有的手表品牌都推出过计时表呢。

时间等式功能最为玄妙，简单理解，就是能显示真太阳时与平均时间的差别，不过收藏家才会选，一般消费者根本用不到。

除了前面提到的万年历，还有陀飞轮（抵御地心引力的旋转机械装置）和三问报时（通过音簧发声装置报出当前时间的功能）都是高复杂表的范畴，好的产品价格轻易过百万。有了功能，表的玩赏性会大大增加，它无愧一条重要原则。

颂读经典时刻

时间与经典的相逢，在于不会早一步亦不会慢一拍的契合，就好像当你身披正装，姿态、眼神、手势，都在不经意间以最经典的方式呈现。这是设计好的吗？不，这就是经典的魔力，它不仅仅会成为你最具标签性的个人符号，而且激发出你心底的潜能量，让你展露出最好的自己。

欧米茄超霸系列腕

劳力士 GMTII 腕表
精钢的防线，时区的转换，不离不弃
成就最贴心的灵魂伴侣

英纳格 *CH325 Versailles* 正装腕表
精钢与金,成为最佳搭档,闪耀于你挥动袖口的每一刻

卡地亚蓝气球腕表
宝石的光辉,皮革的柔软,映衬出时
光雕琢的冷峻面庞

方寸之间阅读经典

　　真正经典的腕表,并不会随着时间的推移而渐渐失去光彩,也并不需要任何证据来佐证它们的价值。它们低调内敛,却有如神助,无论如何都掩盖不了其身上无与伦比的美丽气质。如果你仅仅把它们当做一个物件或者一个小型机械装置,那便大错特错,经典的腕表需要你细细品味才能洞悉那份跨越时空的灵魂之美。

香奈儿 J12 系列腕表
纯净的白色
营造最静谧的阅读空间
温润的陶瓷
成就最有质感的接触体验

质感精钢
亮出最闪耀的个性宣言
星期日历
经典就是随时而至的实用主义

依波路祖尔斯系列腕表
金属光芒
腕间最温暖的黄金名片
回拨指针
瞬间跳跃永恒优雅

Love Actually
缱绻时光爱情图

　　爱情的美好,在于一半偶然一半必然,"可预见"和"仍未知"并存一体,全部等待时间验证。两个人如何才能长久地在一起,大家讲得最多的是"契合"二字:身体的契合、精神的契合、品位的契合……无论是哪一点,一定要找到共通才能使关系成立并且尽可能长地稳定。每年的情人节,腕表品牌也纷纷推出对表以供情侣选择佩戴,可这搭配成对儿的两只表也如人一样,有相当多的排列组合:面盘"清淡"的,"性格"截然相反的,身价特"高"的……就好像情侣,无论多么有个性的两个人,但凡爱了,也得求同存异,走可持续发展之路。

缱绻时光爱情图

撰文 / 李菲

爱情的美好,在于一半偶然一半必然,"可预见"和"仍未知"并存一体,全部等待时间验证。两个人如何才能长久地在一起,大家讲得最多的是"契合"二字:身体的契合、精神的契合、品位的契合……无论是哪一点,一定要找到共通才能使关系成立并且尽可能长地稳定。每年的情人节,腕表品牌也会纷纷推出对表以供情侣选择佩戴,可这搭配成对儿的两只表,也如人一样,有相当多的排列组合:面盘"清淡"的,"性格"截然相反的,身价特"高"的……就好像情侣,无论多么有个性的两个人,但凡爱了,也得求同存异,走可持续发展之路。

自然纯粹的爱情守望

纯净的面盘、简单的几何造型,这些腕表之间的差异,好像只有尺寸之分,而说到总体印象,大概形容词都会落在纯粹、干净、简简单单其中之一。它们让人想到年轻时最不掺杂"异味"的爱情。它们没有浓烈的渲染,却安静羞涩,互相依靠,就好像下面的这些"腕表"情侣,不花哨,不扎眼,却让人怎么看都登对。

关于爱,我懂得很多,但却愿意与你经历最初的单纯。"腕表"情侣关键词:面盘素净、线条简洁、毫无累赘装饰。

摩凡陀(Movado)飞翼 Faceto 对表

绝对是腕表"清纯派"的代言人,延续了摩凡陀品牌经典博物馆珍藏型表盘 12 时处"太阳"圆点设计,优雅细致的皇太子指针在黑色表盘上缓缓移动。可是摩凡陀又没有拘泥于简单,在两只同款腕表中也作出细微差别,女款腕表的指针和表带并不像男款一样以全钢打造,而是加入了醒目的金,这种以"女款"为主的概念想必应该受到女性消费者集体的拍手称道吧?!

CK ridge 拱形系列情侣对表

很多年轻情侣都迷 CK,这个从来都是以"简洁的都市感"取胜的品牌,基本上不乱七八糟地试其他的风格,就踏踏实实地把自己已成功的设计继续发扬光大。情人节对表分为低调黑面和优雅白面两个款式,都是男款比女款略微大一点点,都是表带与表耳处连为一体,营造出表盘镶嵌其中的视觉感,而时间刻度旁也布满了放射性的纹路,让整个腕表的气质优雅起来。

天梭(Tissot)唯意系列对表

"唯意"应该是取自于"合二为一"的概念,所以它的英文系列名为"T-One",就是指美好单纯的爱情就应该是合二为一,不分彼此,在手腕的摆动中吸引无数羡慕目光。表盘以两个同心圆的设计勾勒出层次感,演绎出"绅士的他"和"魅力的她"两心相映的默契感。男款比女款多了 12 点位置的星期设置,除此之外,简单明了,就好像从始至终的爱情一样,回头时他总在那里。

如果你只送她,为的是表明心意,那么……

天梭(Tissot)娉驰 100 系列

特别为情人节而做,可以说是干净到单纯的程度……小巧的 12 边形表圈的设计宛然塑造出一个独立的现代女性形象,而奇数小时刻度则由满载爱意的心型代替,预示着一场不期而遇的浪漫邂逅即将上演。表盘 1 点位置具

有深红色爱心,绝对是等待被发现的爱的表白!

恋爱时间　各自精彩

　　颜色相反、材质互异,甚至连形状都不一样了!今年的对表,藏尽了心思,并不简单地依靠相同款式,只改变大小来标榜恋人身份。活跃的情侣,完全相反的调性,反而构成最精彩的恋爱模式和对表选择。因为这些情侣眼里,"无意识作对"就是表达浓烈感情的另外一种方式。如果给他们推荐表,我会毫不犹豫地推出下面几款,因为在他们眼里,相同不算什么,反差才是真正具备美感的词汇。

　　你永远都在与我对着干,但这,就是我巨大幸福感的来源。"腕表"情侣关键词:有反差美感、无累赘设计、别出心裁最能取胜。

积家(Jaeger-LeCoultre)
Reverso Squadra 女 装 腕 表 & Reverso Squadra Chronograph GMT 计时腕表

　　无论是男款的 GMT,还是女款的自由更换表带,这些方面都构不成 Reverso 对表成为 must-have 条款上的必备一项,起到决定作用的必然还是这个拉丁文译为"我翻转"的关键词"Reverso"。它的独特,在于一表两戴,而"两戴"又展现出你截然不同的两种风姿。这只男款阳刚而实用,女款娇俏华贵(并且你可以拥有多条彩色表带以供更换),揭露出恋人完全不同的两种个性。但就是这种甜蜜的"矛盾",反而成为两人间的吸引法则。

万宝龙(Montblanc)
时光行者系列自动上链钻石计时码表

　　也是颜色相反、大轮廓的两只腕表作品。情侣表选择以"时光行者"为载体一定会吸引来很多对"钟表"认识并不太深的女性消费者,这个系列存在时间久,外形设计风格稳健并且大气,又不像这两年推出的"凯世表"或者"变脸表"一样,拥有高深的机械构造,让女性因为摸不到头绪而望而却步。这次的"黑白配",高雅并且精致,是成熟情侣非常适合的产品,不过因为钻石的关系,男女款确实不便互换……

香奈儿(Chanel)
J12 对表

　　先把 Chanel 品牌的优雅特性和 J12 的标识性放在一边不说,这两枚镶有玫瑰金刻度的 J12 腕表,仅仅是颜色上的差别,就带来完全不同的佩戴感受:黑色的静谧沉静,白色的纯洁华贵,一样的是完全百搭的设计。最有趣的一点是,它并没有镶钻或者再做任何细节设计,从而让这两只表完全可以互换,无论是情侣中的男方还是女方,都完全黑白相宜,给她/他买表就是给自己买表,优雅之外完全划算。

　　如果你我其实并不仅仅是调性相反,而是你方我圆,又该谁去牺牲呢?

宝齐莱(Carl F.Bucherer)
马利龙日历回拨男装腕表 & 雅丽嘉系列女装腕表

　　算是个性截然相反的两只表,如果没人指出,很难洞

悉它们的情侣身份,唯一的共通点是:无论男女,它们都采用非常酷的黑色。男装的日历回拨腕表在面盘上将反跳日历、星期、24小时或第二时区显示以及能量显示均衡展示,设计、功能都属一流。女装的雅丽嘉系列腕表迷倒不少皇室及贵族,表身特别的曲线弧度设计尽显女性妩媚;运用独特的罗马数字排列效果让复古气质完美融合进摩登造型中。

爱情格局 你中有我

以下几款对表,它们款式相同,一看就知道关系不凡,却又在细节处有细微差别,表明各自的不同性格,实为感性、理性的最佳结合。这就好像是爱情中最令人期待的关系:无论你是不是对"亲密无间"四个字嗤之以鼻,但持久又成熟、互相成为对方最有力支持的这种爱情,一定是所有人的渴望。就好像这样的两只表,你有的功能,我也愿意尝试;我拥有的一切,我也绝对愿意与你分享。当然,你们的不同个性,将它们诠释出完全不同的味道,却彼此登对,让人羡慕。

感情的等式,在我心目中成立的条件,并不是两个人有多少话要说给对方,而是我们不说话也都懂得。"腕表"情侣关键词:设计相同,依然性别性格细节有变化,却一眼可以分辨情侣身份。

宝齐莱(Carl F.Bucherer)
马利龙系列玫瑰情人对表

象征着爱情的玫瑰金传说最早出现在维多利亚晚期,珠宝工匠们用这种蕴含隽永情愫的温馨系金属镶嵌宝石,制作饰品。所以,以"情人节"为名头的对表,对于玫瑰金绝对是最佳的承载单品。男款是天文台认证的万年历腕表,具有立体倒数月相、万年历等高深功能;女款的话,三层式表盘蕴含浓厚的艺术感,而且单一按钮计时腕表将计时按钮精妙装置于表冠中央,兼顾了设计美感和功能性。

欧米茄(Omega)
全新星座系列情人节对表

凭借大家对于欧米茄系列的了解,从星座中发展出情人节对表简直是大快人心的选择。好多消费者说了,我不管什么月球表或者8500机芯多有才,我就喜欢星座的长相,其实"托爪"这种设计为功能用的细节也说了好多年了,就不再啰嗦了。简单说,全系列的星座崭新上架,带给你近乎是无限的选择,尺寸从24mm到38mm有6种变化,材质上也有钢、红金、白金的选择,mix&match完全凭你们自己做主,要我们说,这里面牵扯到的气质和性格的影响大了去了。

真力时(Zenith)
经典月相对表

腕表终究被大多数人看做是"机械主导"的理性产品,如果说所有的功能里面,与感性结合最多的,我们觉得是"月相"功能。无论是夜空明月,还是月亮人脸化,都让人觉得温柔上心,感情倾泻。这对演绎"心"恋传奇的情人节对表,最吸引人的就是月相设计。除此之外,男款搭载超薄机芯,在"巴黎饰钉"网格中,麦穗纹式表盘设计、秒

模特佩戴天梭力洛克系列情侣

针以及月相设计都被不断强调。而女款以纯色的珍珠贝母表盘搭配镶钻表壳,让精巧的 33 毫米直径表盘看起来线条感十足,非常适合女性纤细的手腕佩戴。而带有完全不同细节设计的两款表,因为月相的加入,和小秒针相似的位置,也让人敏感地体会到其中的情愫。

如果你爱时髦和摩登超过机械构造,我们也有如此提供。

古奇(GUCCI)
G-Gucci 对表

以 Gucci 著名的"G"图标为自己的设计细节,这对不锈钢腕表,以前卫摩登的颜色,简约、线条感的设计亮出自己,算是职场时髦人士的救命单品,无论是套装、礼服,还是休闲装,它都能强调出你性感干练的都市精英形象。

张扬疯狂的爱情信仰

这些腕表情人,他们不平凡,锋芒毕露,是最高调的谈情人。"没有轰轰烈烈就不叫谈过恋爱",有多少人到现在依然百分之百地相信这句话?这些腕表,就好像天不怕地不怕的爱情一样,张扬、闪耀,让人呼吸不过来,绝对地不计后果。你千万不要看着它们边摇头边说"太年轻"或者"不够成熟",其实这些表,与轰轰烈烈的爱情一样,是毒药,让人失去理智,拼命渴求。

爱情是我的信仰,没有了信仰,生活也就坍塌了。"腕表"情侣关键词:颜色鲜艳,材质闪耀,夸张而张扬。

宇舶(Hublot)
Big Bang in red 女表 & King Power Gold 男表

除了对于橡胶的使用,Hublot 可以说是"张扬跋扈"腕表风的最佳表现者。这两款腕表,并不同属于一个系列,但却带有非常明确的统一风格。女款 Big Bang in red 是情人节特别之作,旨在以热烈的红来表达所有爱意,而且它的表壳以白色陶瓷打造,表带是橡胶内衬的鳄鱼真皮材质,在设计为先的思路下,丝毫没忘记材质混搭。而男款就更为霸气,采用的橡胶和黄金的组合,特别是针盘上使用的这种红金是为宇舶专门开发的新型合金,第一次使用,就以 King Power 命名。色调上更红亮、更跋扈、更显赫。这种男女组合,绝对该算是爱情中的麻辣诱惑了。

尊皇(Juvenia)
收藏家系列龙凤对表

我们真心觉得特别适合富二代情侣的腕表,并且是定有中国风情结的、从传统家庭走出来的富二代。整只表,从表带到表壳,甚至表盘中没有图案的部分全部镶钻,男女款除了在尺寸上的差别之外,男款表面雕刻蓝色中国龙,女款对应红色凤凰。说真的,这样的钻表和这样的气势,真不是普通人随随便便能驾驭得了的,须是张扬、多金、敢买敢戴的另类情侣。

美度(Mido)
贝伦赛丽系列对表

贝伦赛丽是美度以小提琴的线条为灵感创作的腕表,所以优雅简洁之美不需多说。这对特别为情人节而推出的表款采用 PVD 镀金表壳,在简洁之上的震撼力成为核心的创作理念。男女同款,耀眼的颜色和敞亮的面盘设计成为低调中的张扬细节,而美度永恒的经典设计,又让它成为绝不仅戴一季的应景之作。

永远年轻,永远不知好歹,谁说这样的爱情不是让人迷恋的毒药呢?

斯沃琪(Swatch)
情人节特别腕表

基本上是男女两相宜的 Fast Fashion 佳品! 运用黑、白、红三种最具活力的搭配,表带上则是密密麻麻排列着爱情里最常做的举动:Kiss\Hugs\Love……不管你现在年轻,还是曾经年轻,戴上这样的表,心情会不会真的不一样了呢?

年 轮

1993 年 1 月 8 日,《精品购物指南》,一份四开八版的彩色报纸正式与读者见面。从此,这份报纸凭借自身特有的报道方式、依靠其对时尚生活的独特理解和把握,迅速成为影响京城乃至全国读者时尚生活的一份权威媒体。

至 2003 年底,经过十年的发展,《精品购物指南》已影响过百万的时尚人群。本着更好地为读者服务,真正成为广大读者的"时尚参考、生活顾问"的宗旨,也为鼓励采编人员出更多好文章、好版面、好专题,2004 年 5 月,《精品购物指南》社委会发布设立"精品奖"的通知,正式开启了"精品奖"的评选历程,延续至今,成为传统。"精品奖"设置最佳报道、最佳版面、最佳选题、最佳言论、最佳专刊等奖项,每月一评,宁缺勿滥,凡符合《精品购物指南》编辑方针的当月见报作品均可入选——《精品 20 年 时尚生活秀》这套丛书,即是对这些年来"精品奖"获奖作品的集纳和摘编,五本书:《都市客》、《乐活族》《摩登派》《美妆潮》《生活家》,全部是来自"精品奖"的优秀作品。

翻开本书,不仅可以感受时代的进步和社会的发展,更能感受到《精品》的成长。掐指算来,"精品奖"至今已经发布 100 多期,就像年轮的印记,印证着一份时尚生活报纸的成长轨迹,自然,清新,真实。

在荟萃精华的同时,本书还难能可贵地集纳了"精品奖"的点评专栏"老王评报"。老王,《精品购物指南》常务副总编辑王明亮先生,三言两语或三两段文字,讲述获奖理由,点评获奖作品,对编辑们再读原作、借鉴得失,领悟《精品购物指南》的编辑方针、体会时尚生活周刊的办报理念,起到了画龙点睛作用。而和寻常专栏不同的是,这个一向只用于报社内部"上墙"而不公开见报的专栏,非编者用心收集,是无法呈现给读者的。

2013 年 1 月 8 日,精品 20 周岁。带着新鲜出炉的浓浓墨香,本套丛书作为生日礼物,献给所有为《精品购物指南》成长付出努力的精品人。

感谢陪着《精品购物指南》一步步成长的编辑记者们,感谢为本书付梓出版而花费大量心血的出版部徐冰主任和编辑邱卉、总编室王磊主任以及所有的幕后工作人员,历时近两年半查找往昔资料,在进行还原历史的浩大工程的同时也成就了今天的这套丛书。

精品的年轮,带着时代气息,20 年来的时尚生活大事,你都可以从中体味一二。囿于条件限制,本书难免会有遗漏和偏差,敬请海涵。

《精品购物指南》编辑部

精品传媒(集团)大事记

　　《精品购物指南》1993 年 1 月 8 日正式创刊,每周一、四出版,平均每期超百版,是我国第一份彩色印刷的时尚生活服务类报纸,被业内人士誉为"中国时尚生活服务类报纸第一品牌"。2010 年 1 月,精品传媒(集团)正式宣告成立,以《精品购物指南》为中心,形成五报、八刊、一网加移动数字终端群的全媒体集团。

1992 年	12 月 18 日,《精品购物指南》在北京试刊,四开八版。
1993 年	1 月 8 日,《精品购物指南》正式出版,我国第一份彩色生活服务类报纸诞生。
1994 年	1 月 8 日,出版创刊一周年特刊,全彩 96 版,成为当时全国最厚的一期报纸; 12 月 16 日,《精品购物指南》扩至 24 版,炫目的明星封面成为《精品》的显著标志。
1995 年	1 月 8 日,《精品购物指南》创刊两周年,举办"辉煌 94 精品群星耀京华大型演唱会"; 5 月 5 日,《精品》推出 8 版铜版纸精印豪华版,开创报业铜版纸印刷先河。
1996 年	11 月 8 日,《精品购物指南》开始每周出刊两期,信息量大增,时效性、实用性更强。
1997 年	《精品购物指南》广告收入突破亿元大关,在全国报业中位列第 18 位,生活服务类报纸首家进入全国报业 20 强。
1998 年	9 月 18 日,《精品购物指南》出版规模达到 100 版,成为报业出版规模性标准; 广告营业额再创新高,进入全国报业广告 10 强,位列第 9。
1999 年	年底,《精品购物指南》将分类广告集中出版《完全实用手册》,开创资讯广告新时代。
2000 年	7 月 29 日,《精品购物指南》发起北京环保公益林暨"精品林"大型植树环保活动; 广告营业额再创新高,位列全国 10 强,北京第 3。
2001 年	3 月 18 日,《精品购物指南》主办首届北京"理想家园"精品楼盘评选及颁奖活动。

2002 年

1 月 8 日,《精品购物指南》全新改版,定位于 "时尚北京人的消费参考、生活顾问";

10 月 20 日,第 22 届 "金鸡奖" 最佳女主角获得者陶红受聘为《精品购物指南》形象大使,开创明星代言媒体的先河。

2003 年

《精品购物指南》广告收入超过 2 亿元;

10 月,《精品购物指南》报社首创 "名人高尔夫" 的概念,举办京城高尔夫名人邀请赛,并以此为起点,创办精品高尔夫名人邀请赛。

2004 年

4 月 8 日,《精品购物指南》单期总版数达到 228 个;

10 月 21 日,《精品购物指南》在出版 1000 期之际,隆重推出 300 版的《影响 2004 专刊》,再次改写中国报纸出版纪录。

2005 年

1 月 8 日,《精品购物指南》在京隆重举办 "影响 2004·时尚盛典",首次由时尚媒体对时尚、娱乐界及尖端消费领域进行总结和盘点;

7 月 19 日 ~22 日,"中泰友好杯" 第六届精品高尔夫名人邀请赛作为中泰建交 30 周年的重要活动之一,在泰国艾亚兰古象王国举行;

8 月,《精品购物指南》荣膺国家新闻出版总署颁布的 "全国最具竞争力的城市周报" 奖项。

2006 年

1 月 8 日,"影响 2006·时尚盛典" 在京炫目亮相,先声夺人;

3 月,《精品购物指南》报社与辽宁日报报业集团合作,联手打造辽沈地区第一份时尚生活服务类报纸——《时尚生活导报》;

4 月,《精品购物指南》以其在报业市场的优异表现和品牌影响力,荣获 "北京市著名商标" 称号;

7 月 15 日,"名车品鉴 (2006·夏)" 豪车派对活动在北京亮相,自此 "名车品鉴" 每年夏秋两季举行,成为国内媒体所举办最大规模的豪车展;

8 月,《精品购物指南》荣膺国家新闻出版总署颁布的 "2006 全国城市生活服务类周报竞争力十强" 奖项;

7 月 26 日,《精品购物指南》报社第一份子刊、中国唯一完全时尚周刊《风尚志》创刊。

2007 年

1 月 6 日,《精品购物指南》报社推出定位高端生活的《优品》杂志,打造中国第一奢刊品牌;

1 月 6 日,"影响 2007·时尚盛典" 盛大举行;

5 月 7 日 ~10 日,精品高尔夫名人邀请赛第二次跨出国门,在马来西亚云顶举行;

7 月 1 日,《精品购物指南》出品中国出境旅游品质读本《世界》杂志闪亮登场;

9 月,改版后的财经生活读本《数字商业时代》杂志全新上市。

12 月《精品购物指南》入驻广州,倾力打造华南地区第一份时尚类生活服务类报纸《精品生活》。

2008 年

1 月 8 日,创刊 15 周年之际,《精品购物指南》携旗下系列时尚媒体,以空前盛况在北京举办"精品 15 年·时尚盛典",宣告《精品》向着引领都市时尚生活的传媒集团迈进;

5 月 16 日,"5·12 汶川大地震"后第 5 天,《精品购物指南》报社联合许戈辉、范冰冰等 40 多位演艺界人士与部分爱心企业在京发出"捐助灾区母婴、重建美好家园"爱心倡议。精品慈善基金正式更名为精品爱心基金,随后展开了一系列赈灾活动,筹集赈灾资金和物资逾千万元;

7 月 28 日,推出 2008 北京奥运会盛典开幕专刊;

8 月 4 日~24 日,2008 北京奥运会期间,《精品购物指南》倾力巨献,重磅打造《盛典日刊》,连续 21 天带来视角独特的时尚体育报道和丰富前沿的奥运生活情报;

8 月 25 日,推出《珍藏 2008 北京奥运会闭幕典藏特刊》。

2009 年

1 月 8 日,由《精品购物指南》系列时尚媒体联合中国扶贫基金会共同主办的"大爱 2008·时尚盛典"公益活动在北京华侨城大剧院温暖上演;

1 月 11 日,《精品购物指南》周一刊全新改版,定位于"都市精英读本",与周四刊定位于"时尚生活圣经"形成差异化;

9 月 24 日,为庆祝新中国 60 华诞,《精品购物指南》推出《新中国成立六十周年庆典专刊》,488 版、1.6kg 重,鸿篇巨制,华彩上市。

2010 年

1 月 8 日,《精品购物指南》与云南日报报业集团联袂打造昆明地区第一份时尚生活周报——《精品消费报》;

1 月 9 日,由精品传媒主办的"中国影响 2009·时尚盛典"在北京梅兰芳大剧院隆重举行。盛典现场,精品传媒(集团)正式宣告成立,并发布集团全新 LOGO 形象——"精品印";

4 月 29 日,推出《双城记——2010·5·1 暨世博开幕专刊》;

8 月 21 日,精品爱心基金援建的四川罗江县慧觉镇卫生院竣工落成;

8 月,《精品购物指南》被中国广告协会报刊分会评为"2009~2010 年度中国报刊广告投放价值生活服务类第 1 名"及"最具时尚产品投放价值媒体";

10 月 28 日,推出《2010 上海世博会闭幕特刊》,其中的"世博 3D 大赏"尝试出版 3D 报纸;"世博长卷"连续百余版画面呈现世博会全景盛况。

2011 年

精品传媒提出构建"全媒体"集团发展战略,成立新媒体中心、时尚中心,有力推进集团纸网互动的整合营销平台搭建。

6 月 26 日推出全新精品 ipad 杂志——LifeStyle。

2012 年

5 月 18 日《精品》20 年"没有与生俱来的非凡"系列活动全面启动。

图书在版编目（CIP）数据

摩登派 / 精品购物指南报社编 . — 北京：华夏出版社，2013.1
（精品 20 年 时尚生活秀）

ISBN 978-7-5080-7369-9

Ⅰ . ①摩… Ⅱ . ①精… Ⅲ . ①时装 Ⅳ . ① TS941.7-9
中国版本图书馆 CIP 数据核字 (2012) 第 301600 号

摩登派

作　　者	精品购物指南报社
特约编辑	邱卉
责任编辑	杜潇伟
装帧设计	吕人捷

出版发行	华夏出版社
经　　销	新华书店
印　　刷	北京华宇信诺印刷有限公司
装　　订	三河市万龙印装有限公司
版　　次	2013 年 1 月北京第 1 版　　2013 年 1 月北京第 1 次印刷
开　　本	787×1092　1/16 开
印　　张	11.25
字　　数	280 千字
定　　价	39.80 元

华夏出版社　网址 :www.hxph.com.cn　地址:北京市东直门外香河园北里 4 号　邮编:100028
若发现本版图书有印装质量问题,请与我社营销中心联系调换。电话:(010)64663331 (转)